U0215258

产品设计软技能
——创业公司篇

[美] 托尼·京(Tony Jing) 著

郝凝辉 译

清华大学出版社

北 京

北京市版权局著作权合同登记号　图字：01-2023-0680

Hacking Product Design: A Guide to Designing Products for Startups
by Tony Jing
Copyright © by Tony Jing, 2018
This edition has been translated and published under licence from Apress Media, LLC,
part of Springer Nature.

图书在版编目(CIP)数据

产品设计软技能. 创业公司篇 / (美)托尼·京(Tony Jing)著；郝凝辉译. —北京：清
华大学出版社，2023.3
书名原文：Hacking Product Design: A Guide to Designing Products for Startups
ISBN 978-7-302-62475-2

Ⅰ.①产⋯ Ⅱ.①托⋯ ②郝⋯ Ⅲ.产品设计 Ⅳ.①TB472

中国国家版本图书馆 CIP 数据核字(2023)第 015411 号

责任编辑：王　军
装帧设计：孔祥峰
责任校对：成凤进
责任印制：丛怀宇

出版发行：清华大学出版社
　　　　　网　　　址：http://www.tup.com.cn, http://www.wqbook.com
　　　　　地　　　址：北京清华大学学研大厦 A 座　　　邮　　编：100084
　　　　　社 总 机：010-83470000　　　　　　　　　邮　　购：010-62786544
　　　　　投稿与读者服务：010-62776969, c-service@tup.tsinghua.edu.cn
　　　　　质 量 反 馈：010-62772015, zhiliang@tup.tsinghua.edu.cn
印 装 者：三河市人民印务有限公司
经　　销：全国新华书店
开　　本：148mm×210mm　　　印　　张：4　　　字　　数：115 千字
版　　次：2023 年 3 月第 1 版　　　印　　次：2023 年 3 月第 1 次印刷
定　　价：59.80 元

产品编号：097986-01

推荐序一

2018 年，当麦肯锡设计指数(McKinsey Design Index，MDI)揭示良好的设计与企业盈利能力呈正相关关系时，人们意识到了设计对企业，特别是对初创企业的重要性。设计能够帮助企业将好的想法转化为适合创新以及有竞争力的产品和服务，特别是在当今的商业模型、产品开发、质量控制、利润产生等业务板块中，设计都扮演着更加主动的角色。创业公司的核心是产品团队，而产品团队的核心是产品设计，作为产品开发周期中不可或缺的一环，产品设计需要调研分析、设计生产过程和解决后续问题的一系列相关技能，因此对于初创企业来说，拥有一支高效的产品设计团队是可遇不可求的。初创企业通常只有有限的资源和机会窗口，一款产品的成功与否甚至能够决定其生死，而《产品设计软技能——创业公司篇》这本书能够为设计师提供上述问题的有效解决方案，这也是我极力推荐本书的根本原因。

本书另一个值得推荐的地方在于，解决了以往设计类书籍中设计师主观视角过于静态、片面、单一的问题，创新性地指导设计师将自己作为整体的一部分置身于企业中动态地去考虑设计问题，这一点非常难能可贵，在此视角转换的基础上去讨论设计师应具备的技能才会更具现实意义。本书还提到，设计师最终所构建的应是可以让每个人都提出创意的开放环境，培育一种开放的设计文化在企业内部生根。这种"以人为本"的具备包容性的设计思维是个人利益、技术机会和商业利益的总和，它有助于企业发现用户的问题并提出解决方案，然后综合利用创造力和理性主义来实现有关设计的想法，并提倡这种设计文化存在于更广泛的公司文化中，为整个实体服务。另外，本书通过生动有趣的案例将产品设计理论与企业设计实践紧密结合，其轻松流畅的行文风格也能保证读者的阅读愉悦感。

在二三十年前人们讨论创新时，通常指的是技术，但近些年来人们讨论创新时，通常指的是设计。随着经济的发展，我国正在从粗放集约的发展模式向创新驱动的发展模式转型，在转型与自主创新的发展过程中，设计对于产业创新的整合作用越来越突出。当新的价值创造成为增长引擎时，设计显然可以成为创业公司的成功因素。目前越来越多的中国企业开始认识到设计的重要性，并把设计作为自身产品竞争力的突破口。希望本书的出版，能助国内企业一臂之力，开启企业由"中国制造"向"中国创造"、"中国产品"向"中国品牌"转变的玄妙之门。

鲁晓波

清华大学美术学院前院长、中国美协副主席、教育部设计教指委主任

推荐序二

找对郝凝辉教授翻译的这本《产品设计软技能——创业公司篇》颇感兴趣。想要成为一名优秀的产品设计师，仅掌握硬技能是远远不够的，还需自主提高软技能，软硬兼备，方能挥斥方遒。本书中的"产品设计"不仅包含"物"的概念，更是在研究"物"之外的因素限制，定位"做事"的"目标系统"，以创造"新"物种，创新"服务系统"。换言之，本书所讨论的议题，已延伸至"服务设计"，体现的是"Service Thinking"，这是创业公司想要"崭露头角"所不可或缺的。

本书列举了大量典型案例，有成功的，亦有失败的，印证了我所一直强调的观点：观念大于技能，无形大于有形，系统大于个体。创造人类未来美好生活方式的出路不仅在于发明新技术、新工具。"创新"应在于善用新技术，带来人类"视野"和"能力维度"的改变，调整我们观察世界的方式，树立新理想，提出新观点，构建新理论。

本书的一系列观点我深有共鸣，例如，一个好的产品在设计流程中能够同时满足一系列存在竞争关系的目标：实用性、可用性、可行性、可实施性和可取性；评估产品是否成功，应考虑产品是否对社会和对整个世界有益；设计师应怀着谦逊的态度和同理心去理解人们的困难、目标和价值观，然后运用对人类的认知、行为和文化方面的知识，给人们的生活带来真实的、积极的影响……这些观点的提出，有助于中国的产品设计师端正对设计目标和价值的认识，真正发挥"设计"对科技、商业的博弈功能，实事求是地研究中国国情及中国百姓的潜在需求，探索中国社会全面发展的路径。

　　本书主要在创业公司的语境中讨论有关产品设计的议题，而我想要在最后强调的是，中国的产品设计师不要仅仅把"设计"当作"职业"或者"事业"，而应把"设计"当作"信仰"，视复兴中华民族为己任，继承和发扬设计的使命：净化人类灵魂，为人类社会更加美好而贡献"设计"的智慧！

柳冠中

清华大学文科资深教授

作者简介

Tony Jing 目前担任 Uber Technologies Inc.的产品设计师。在此之前，他在旧金山的创业公司 Inkling Systems Inc.担任产品设计师。他曾在 Medium 上撰写了一篇以中国设计、原型制作和技术等为主题的热门博客。

致　　谢

　　首先，我要感谢 Andrea Williamson、Andrew Hawryshkewich 和 Russell Taylor，他们点燃了我探索设计领域的热情；其次，我要感谢 Peter Cho 和 Ryan Koziel，他们引领我在设计领域成长并为我提供宝贵的发展机会；最后，我要感谢 ChatreeCampiranon、Zach Leach、Ed Lea、Albert Wang、Meagan Timney 和 Elisha Ong，他们给予我亦师亦友般的指引，向我展示了什么是高质量的设计工作。

　　我还想感谢 Apress 团队的成员：Shiva Ramachandran、Rita Fernando 和 Laura Berendson，感谢他们为了完成本书所给予的支持、坚持和奉献。

　　我必须感谢数以百计的分享科技以及设计行业知识的作家和演讲家，他们的洞察力、率真及合作态度给我留下了深刻印象。

　　最后，我要感谢在 Medium 博客上给我留言的那些读者，他们的反馈和建议不断地激励着我继续写作。

前　言

　　没错，当你刚成为一家创业公司的产品设计师时，你想必会问自己，我该怎么做？本书试图为你答疑解惑。作为过来人，几年前，当我从平面设计转向产品设计时，我遇到了几乎相同的问题。我希望有一本书，可以涵盖所有与创业公司产品设计相关的软技能。

　　这就是我创作本书的初衷。

　　我想要帮助那些曾经像我一样刚进入这个行业的人。无论你是在一家小到只有五名员工的创业公司工作，还是在一家拥有数百名全球各地的员工并快速发展的创业公司工作，关于如何设计并构建技术产品，都会有许多被普遍接受和共享的实践。

　　本书阐述了产品设计师想要在一家创业公司胜任设计工作，应该具备哪些软技能。阅读本书的前提条件是，你已经具备一些设计工作中的基础性硬技能，如视觉设计、界面设计、信息架构、原型设计、文案策划和动作设计等技能，或者你能主动找到习得这些技能的方法。毕竟，很多相关的书籍、文章、教程和其他资料可以讲授和帮助你获得这些技能。如果你不具备这些硬技能，也不想学习它们，那么仅靠阅读本书并不会让你成为产品设计师。

　　硬技能对于良好的设计工作来说至关重要。然而，仅凭硬技能并不能发挥设计的全部潜力。如果设计师参与的项目只是停留在生产层面，而没有硬技能的加持，他们将很难胜任影响产品战略和公司发展底线的职位。

　　本书旨在帮助设计师在创业公司中充分发挥自身的设计潜力。本书内容共分为 9 章，每章讨论一个关于创业公司产品设计工作的主题，读者既可以整本阅读，也可以择章选读。

　　第 1～3 章讲述什么是创业公司，设计师在创业公司工作时应具备的设计思维方式，以及解决问题所需的框架；第 4～6 章的内容是关于设计创意的，尤其是如何获得设计创意，如何与他人合作以充分利用设计创意，以及如何确定要做什么才能最大限度地发挥设计创意的潜力；第 7～9 章展示在正确设计情境中进行设计的相关考虑事项、启发性方法和框架。

　　在此要说明的是，读者在阅读本书时会看到一些有关链接的编号。其形式是数字编号，加方括号；例如[1]表示读者可扫描封底二维码下载 Links 文件，找到对应章节中[1]所指向的链接。

　　让我们开始吧！

目　　录

第 1 章

创业公司
如何运作

在深入讨论创业公司如何进行产品设计等细节问题之前，我们应首先了解本书涉及的基本概念和相关术语。本章旨在介绍产品设计过程中常见的概念和术语，以及创业公司在人类历史进程中所扮演的角色。同时，本章也会介绍 21 世纪的创业公司所面临的具体现实问题，阐述负责产品创造且对创业公司成败起至关重要作用的"产品团队"概念。

1.1 科技与人类历史

人类文明是由数千年来人类行为的不断积累所创造的。回顾过去，人们往往强调个人行为对历史事件的影响，却忽视了技术进步对人类文明的影响。但是，只要我们稍作停留并环顾四周，很容易就能发现这些影响。例如，石器时代、青铜器时代和铁器时代的划分，即是以当时人类依赖的三种生产工具(或技术材料)为主要依据。

在过去的 300 年间,前所未有的技术变革将人类带入工业时代、原子时代、太空时代和信息时代,如图 1-1 所示。虽然一些术语在今天看来已经过时,但它们代表的是人类社会经历的重大变革,这些变革可能代表了人类历史上最重要的三个世纪。

图 1-1 原子时代、太空时代和信息时代

值得关注的是,在过去的 30 年里,这种技术变革的步伐正不断加快。短短几十年间,微型计算机和互联网的发展日新月异,深刻改变了我们今天所生活的世界。

1.1.1 创业公司如何适应当今时代

工业革命造就了当今世界的经济体系。世界上大多数国家在工业革命后都采用了市场经济体制。尽管各国政府实施的经济政策存在一定的差异,但总的来说,个人都拥有了买卖商品和服务的自由及手段。创业公司在这一全球现实中应运而生。

在传统定义中,创业公司被简单地定义为新成立的企业。从柏林到波哥大,从拉各斯到伦敦,从上海到旧金山,无论身在何处,大多数人都有自由创业的权利。

创业动机千差万别，但基本分为三类：积累财富、实现自我和帮助他人。在开始创业前，创业者往往会评估经济环境，以及自己是否具备成功创业的能力。在做好足够的准备与评估后，创业者便可以注册公司了。

创业公司的启动就是如此简单。世界上任何一家公司，小到夫妻店，大到全球大型商业集团，都是从一个想法以及对各种因素的评估开始的。

创业率在全世界增长可以归因于计算机和互联网技术的飞速发展，计算机和互联网为新业务的开展带来了很大的便利与自由，也促使创业公司迅猛发展。

表 1-1 充分说明了创业公司及其技术对人类进步的影响。从中可以看出，在 1987 年的全球十大企业排行中，属于信息技术领域的公司仅有 IBM 一家，到 2017 年，增加到了五家(在表中以粗体显示)。实际上，该表中有三家(字母表、亚马逊和脸书)在 1987 年还没有成立。个中原因显而易见——当这些公司的产品和服务被认为极具价值时，人们就会争相使用，这就促使这些公司在一二十年里从一家硅谷创业公司迅速成长为大型全球企业。

表 1-1　1987 年《财富》500 强企业前十名[1]与 2017 年 1 月市值前十名企业[2]

1987 年	2017 年
通用汽车公司(General Motors)	**苹果公司(Apple Inc.)**
埃克森美孚公司(Exxon Mobil)	**字母表公司(Alphabet Inc.)**
福特汽车公司(Ford Motor)	**微软公司(Microsoft)**
国际商业机器公司(IBM)	**亚马逊公司(Amazon.com)**
美孚公司(Mobil)	伯克希尔·哈撒韦公司(Berkshire Hathaway)
通用电气公司(General Electric)	埃克森美孚公司(Exxon Mobil)

① FORTUNE 500 Archive List，详见链接[1]。
② Financial Times，"FT Global 500"，详见链接[2]。

(续表)

1987 年	2017 年
美国电话电报公司(AT&T)	强生公司(Johnson & Johnson)
德士古公司(Texaco)	**脸书公司(Facebook)**
杜邦公司(DuPont)	摩根大通公司(JPMorgan Chase)
雪佛龙公司(Chevron Texaco)	美国富国银行(Wells Fargo)

1.1.2 设计如何适应当今时代

简单来说，设计是对人类操作及互动的工具进行构思与规划。从史前人类第一次将楔形石头用作切削器开始，设计便成为人类经验的一部分(见图 1-2)，这样的早期人类便是第一批设计师。随着时间的推移和人类文明的发展，人类所使用的工具也变得愈发复杂和多样。

图 1-2 设计可以追溯到史前人类早期

如今的生活离不开工具，工具影响着人们的衣食住行。事实上，我们所接触的每一件人造物品都是设计的结果。工具正向系统、平台、网络等非物质的形式靠拢。除了实用和功能，美学也已成为设计的重要部分。

过去的 30 年，技术的巨变导致各行各业急需新型设计师。今天的产品不再仅仅是实体的，它们是由比特和原子组成的。在不久的将来，世界上大部分的通信交流将数字化，商业活动几乎完全在互联网上进行。因此，新型设计师不仅需要在数字领域工作，还需要管理高度复杂的系统。设计师还必须精通计算机和互联网的高级知识，了解商业运营的特定行业背景。

1.2 现代创业公司

"创业公司"一词被媒体、企业家和技术投资者用来表示与技术和互联网相关并发展迅速的新成立企业。创业公司通过开发创新产品和服务来取代、重塑("颠覆")或改善传统的生活方式和商业运营模式，就像个人计算机和互联网涌现之前那样。

著名的计算机程序员、企业家、风险资本家保罗·格雷厄姆(Paul Graham)表达了他对创业公司的看法。在他看来，创业公司最重要的特征是增长，因为创业公司是专为快速成长而设计的。他认为，在每年新成立的数百万家公司中，大多数是传统的服务型企业，如理发店或餐馆。它们不是创业公司，因为它们往往在收入、利润和客户数量等方面很难保持快速增长。格雷厄姆还认为，创业公司和传统企业的根本区别在于，虽然创业公司和传统企业一样"生产顾客想要的东西"，但创业公司以传统服务型企业无法做到的方式进一步"接触和服务这些顾客"[1]。这主要归功于互联网的发展。

---

① Paul Graham, "Startup = Growth," 详见链接[3]。

创新是创业公司的核心特质。例如，与你当地的社区中心不同，Facebook 是一个连接全世界的枢纽；与你当地的广播电台不同，Spotify 是一个面向全球的音乐流媒体服务；与你当地的公共存储不同，Dropbox 可以通过 Wi-Fi 在任何地方提供存储服务。

1.2.1 创业公司的无常性

创业公司的优势在于，如果产品或服务做得好，便会有迅速扩张的潜力。劣势在于，必须与互联网上采用相同模式的成千上万家企业展开竞争。

事实上，就性质而言，创业公司是无常的，它们中的绝大多数都会在最初几年内失败。创业公司的独特优势在于，技术的快速发展尚未显著放缓。技术的持续进步使几年前难以想象的大门得以打开。1975 年，史蒂夫·乔布斯(Steve Jobs)和史蒂夫·沃兹尼亚克(Steve Wozniak)想组装一台个人计算机，那时没有人想要。当拉里·佩奇(Larry Page)和谢尔盖·布林(Sergey Brin)想要创建一个搜索引擎时，大多数人还不知道何为搜索引擎。由此可见，成功的关键是有长远的目光，能预见即将发生的大事。

然而，推测未来发展趋势几乎等同于预知未来。未来永远是不确定的，大多数人无法准确地预测未来会发生什么，这就使得创业公司项目的启动与开展往往非常困难。如果你认为选择创业可以带来无限财富，那你就大错特错了。每出现一个谷歌或脸书，就会有成千上万个公司倒闭，而这些公司的创始人往往与谷歌和脸书的创始人一样天资聪颖、富有动力。创办一家技术公司的过程伴随着艰辛、惊喜和失败，只有克服这些挑战才能推动公司长久发展，让公司改变世界。

1.2.2 创业公司术语

以下是创业公司的工作人员非常熟悉的术语。它们将在本书后续章节中提到。

敏捷开发：一种强调适应性、协作性和跨职能团队的软件开发方法。

天使投资人：为创业提供初始资本，以换取创业公司股权或股份的个人或机构。

B2B 模式：该模式的目标客户是其他企业而非个人。与 B2B 公司相对的是消费者公司。

自力更生：指在无外部投资的情况下创办和发展一家公司。

股权：公司的股份所有权，通常用于交换资本。

增长黑客：流行词，指用数据驱动的方法进行营销。

孵化器：通过提供初始资金、行业洞察、与投资者的联系以及企业家网络来助力早期创业公司快速发展的组织，通常是为了获得创业公司的少量股权。

首次公开募股(Initial Public Offering，IPO)：指的是公司能在公共证券交易所上市。通常情况下，公司首次公开募股后便不再被认为是一家创业公司。投资者往往希望通过创业公司的 IPO 盈利。

最简化可行产品(Minimum Viable Product，MVP)：指产品的最简单版本。就功能而言，能够满足客户需求；就构建目标而言，是为了征求反馈，助力产品开发的快速迭代。

转型：指商业策略的改变，通常是为了提高盈利能力，创造更可持续的商业模式。

产品：指公司销售的产品和服务。

软件即服务(Software as a Service，SaaS)：公司在互联网上按顾客需求提供软件服务的商业模式，大多数 SaaS 公司也是 B2B 公司。

范围：在开展新项目之前明确表示的信息。具体来说，项目范围指项目中必须完成的工作，产品范围指为新产品计划的特性和功能。

单位经济效益：以每次销售或每次使用为单位表示的净收入和成本，通常用于衡量创业公司的商业可行性和可持续性。

公司估值：公司的货币价值，一般通过评估公司当前的资本结构、收入和未来潜力来确定。

风险投资：是指提供给创业公司的资金。资本化通常是连续进行的，一般出现在天使投资者或孵化器提供初始资本后，或在创业公司表现出增长动力后。

1.3 产品设计团队

一家创业公司的核心团队是产品团队，因为它能直接影响人们是否会使用产品以及如何使用产品。

一个产品团队的规模通常在3～15人，这个数字在很大程度上取决于创业公司的规模、所处的行业和具体的成长阶段。产品团队成员至少包括一名产品经理、一名产品设计师和几名工程师，如果条件允许，还应该包括数据科学家、用户研究员以及产品营销人员。根据公司性质的不同，项目经理、运营经理和客户成功经理也可以加入产品团队。

简单来说，产品团队的任务分为以下三项：一是弄清楚创建什么以及如何创建；二是构建最简化可行产品，通过测试并验证它，从测试中学习；三是基于所学内容完善最简化可行产品，然后再次测试。

与公司领导管理层的执行决策不同，产品团队负责实际执行路线图的决策，通过确定产品的细节和功能，有效解决目标客户的问题，最终实现公司的愿景。当然，若创业公司是一个五人小团队，公司领导层和产品团队之间的界限便不那么明显了。然而，无论创业公司的规模如何，研究、假设、构建、测试和迭代的产品开发周期是不变的。

1.3.1 产品经理 008

产品经理(Product Manager，PM)有两个关键职责。首先，产品经理应与公司领导团队紧密合作，确定产品路线图的内容。产品经理应将公司的使命以产品的形式实现。创意容易获取，可以来自任何人、任何地方。因此，产品经理应该提出相应的准则，对值得解决的问题进行评价、过滤及排名。

其次，产品经理应根据用户痛点和公司的独特优势来定义产品的特点和功能，确定产品中应保留的内容。他/她需要直接与用户合作，或通过代表用户的研究人员和销售人员与用户间接合作，以弄清产品的目标。同时，在产品管理的部分需要与其他团队进行大量合作，厘清主次，提出一套启发性方法来评估值得解决的客户问题。之后，产品经理应与设计师、工程师通力合作，假定产品细节。上述两项任务，即弄清解决什么问题以及假设什么解决方案，是产品经理工作的核心。

1.3.2　产品设计师

产品设计师的职责是通过产品解决客户的核心需求。他们通常与产品经理一起合作，探究产品应具备的特性和功能，同时对产品的体验负责。与用户体验设计师不同，产品设计师必须关注用户体验之外产品在其他方面的表现。如果一个产品无法解决用户最根本的问题，那么无论多么重视产品体验也毫无意义。产品设计师应首先解决根本问题。

确定产品的特性和功能之后，设计师接下来的工作是将它们转化为具体的计划和工件，以便工程师构建产品特性。具体来说，就是产品设计师负责描绘产品在现实生活中成功使用的愿景。首先概括性地构建体验，然后完善产品的界面交互细节，选定合适的交互模式，最终创造出人们想要的东西。本书内容涵盖了产品设计师的设计流程和目标，以及如何在创业公司的产品团队中实现这些目标。

1.3.3　项目经理和工程师

项目经理负责跟踪工程任务和可交付成果的时间表，工程主管或经理有时会担任此角色。在大型项目中，通常有专门的项目经理。工程师负责构建产品。与实体产品不同,数字产品无需制造过程,因此工程师是产品的制造者。

值得注意的是,工程师的角色在不同类型的产品中可能存在较大差异,这取决于公司所处的行业和产品涉及的范围。无论处于哪种情况,工程师都应该尽早参与项目的问题定义,以确保产品能够通过现有的技术和生产环境实现。

1.3.4 数据科学、用户研究和产品营销

数据科学家通常也会参与到产品团队中进行定量研究分析,以直观判断产品的性能表现。基于以上分析,团队就能够做出更好的产品决策。因此,数据科学家对于面向大规模用户群或特定使用模式的产品来说尤其重要。"用户研究"通过洞察收集产品信息并转化为定量数据。用户研究员与小样本的真实用户一起工作,收集他们的看法、信念及潜在行为等信息。

产品营销部门负责向社会受众讲述产品的故事。同时,需要与整个创业公司的销售部门和市场部门合作。产品营销的作用常常被人们所忽视,但它对于产品的成功至关重要,尤其体现在建立良好的口碑上。

1.4 本章小结

产品设计师必须敏锐地察觉到公司赖以生存的环境的变化,要充分理解公司的核心理念,洞悉自己的决策对公司的影响。此外,为了创造出成功的产品,产品设计师必须与团队的其他成员通力合作。在接下来的章节中,我们将继续深入探讨上述主题。

第**2**章

设计是一种
思维模式

　　产品存在的目的在于为人们提供帮助。我们通过使用产品，可以更好、更快、更容易地完成事情。产品成为我们行为的自然延伸，扎根于日常生活，转化为人类经验的一部分。产品通过唤起我们内心的价值观、美德和渴望，让我们成为更好的自己。设计之所以重要，是因为它可以改善人类生存环境。

2.1　同理心

　　贴在门上的"推"和"拉"标签、挂在衬衫上的太阳镜以及缠在钥匙上的彩色贴纸，它们有什么共同之处？其实，它们都是用户为改善其生活和环境所做的"小尝试"。运用"同理心"，可以让设计师耐心地观察用户的这些"小尝试"并从中受益，进而启发设计师收集更多新奇的想法，更深入地发掘产品痛点。

通常情况下，产品设计师很难独自应对人们生活中所面临的种种挑战，原因很简单：我们不能代表世界上的每一个人。设计师对世界的认知和体验并不适用于用户所面临的每一种情况，这就引发了一个问题：如果设计师不了解用户所面临的问题和挑战，该如何为用户做设计？

答案是，设计师应通过深入的研究来真正了解用户。使用"同理心"方法，将有助于增加研究的深度。在设计的视角下，使用"同理心"意味着暂时"抑制"设计师的固有知识、经验、观点和世界观，从而更全面、更客观地理解用户的观点、经验、目标、动机、期望和愿景。

这并不意味着设计师要完全放弃自己的主观意识。"同理心"是指让设计师放下武断和偏见，提升自己的共情能力，以便更好地理解用户。

产品设计的目标是解决问题和改善生活，设计师要想做到这一点，拥有"同理心"是第一步。为获得最佳的设计成果，产品设计师应该系统地采用"同理心"方法与他们试图帮助的人产生精神上的共鸣。

2.1.1　"武断"与"想当然"

让一个人放下自己的"武断"与"想当然"很困难。这并不是因为我们固执或难以相处，而是因为我们通常没有察觉到自己的"武断"与"想当然"。放下"武断"与"想当然"的第一步就是要做到坦诚与开放，即诚实地意识到我们在面对新情况时，经常会在内心为自己的"偏见"和"武断"做辩护。面对新的事物和观点，设计师应该怀抱开放的态度，努力接纳新想法，而非主观地评判它们。

放下"自我"的第二步是不断提醒自己不要陷入对"伪需求"的关注中，如果让设计变成"为了赢而赢"或"为了正确而正确"，那么这就是一种"伪需求"式的设计。一件设计作品并不是为了证明设计师的观念是否正确。良好设计的目标是力求满足用户乃至整个世界的需求。因此，设计师应该有意识地将自己从这些"伪需求"中解脱出来。

2.1.2　倾听、观察与"实景体验"

耐心倾听用户在日常生活中遇到的问题和面临的挑战，是一种快速且"廉价"的采集信息的调研方法，可以帮助设计师高效地获取有关目标产品的基本事实和相关信息，这种方法还可以让设计师与用户建立起融洽的关系。这样，当设计师观察用户的动作、行为和反应时，他们会更加自然和放松。

了解目标用户的最佳方法是试着站在他们的角度去体验生活。设计师应该把自己置身于用户的实际生活场景中，观察用户的所做、所思和所想，记录用户在使用产品过程中面临的问题。这样，设计师就能更加准确、自然地收集到有用的信息，这也是与用户的亲身经历产生"共情"的过程。

结合了倾听、观察与"实景体验"，设计师便可更深入地理解用户的行为以及背后的动机、需求和目标。

2.1.3　肢体语言与"内心话"

设计师必须研究肢体语言、行为信号、面部表情、语音语调以及与之相关的积极或消极的隐含意义。这是一项需要练习的技能，可以帮助设计师高效地发掘目标用户的动机。以下是一些建议：

- 善于发现用户讲话的细微差别，如语调变化、停顿点等。
- 关注用户自我纠错的部分。

通常，用户只能只言片语地表达部分观点，因为他们往往不会对自己的观点进行完整的系统梳理。此外，用户的记忆常常出错，但这并不代表设计师不采纳和相信用户对自身体验的描述。相反，设计师在谈话中应该认真倾听并做好记录，试着理解用户没有说出口的"内心话"，通过细致观察来确保记录内容的真实性与可靠性。

由于缺乏清晰、可见和正确的记忆，用户可能无法传达所有细节。他们可能会被恐惧、不信任或尴尬所困扰。作为设计师，我们必须培养自己的直觉思维能力，训练自己的情绪敏感度，在不干扰用户隐私、不让用户感觉不适的前提下，洞悉隐藏的动机、需求和目标等关键细节。

2.1.4 缺乏同理心的产品设计案例

2012 年，谷歌推出了一款名为"Project Glass"(谷歌眼镜)的增强现实可穿戴设备，引起了不小轰动。众所周知，谷歌眼镜由谷歌联合创始人 Sergey Brin 在旧金山莫斯科尼中心舞台现场发布。该产品由一组跳伞运动员和自行车越野运动员交付给 Sergey Brin，现场完整直播了他们从高空中的一架飞机上降落到莫斯科尼中心屋顶，然后把眼镜拿到舞台上的全过程。

当时人们对这款产品的出现感到兴奋。然而，向公众推出一款消费品与向少数测试者推出一款研究原型是截然不同的。两年后，谷歌取消了谷歌眼镜的消费者计划。

虽然谷歌眼镜未能成功获得市场的原因有很多，但是有两个原因非常明显。其一，缺乏有说服力的谷歌眼镜使用场景。用户虽然可以用谷歌眼镜拍照、拍视频、发消息和导航，但体验并不比手机好多少。虽然用谷歌眼镜拍摄视频时的第一人称视角对于流媒体来说很有新意，但大多数用户并不需要永远站在第一人称视角去拍摄和分享视频。

其二，除了语音控制，谷歌眼镜还被设计为要一直戴在面部。一方面，谷歌眼镜可以在其他人毫不知情的情况下录音和录像，这让佩戴者周围的人感到十分别扭。另一方面，对使用者而言，在当时，在公共场合用语音控制一台智能设备被认为是一种尴尬的社交行为。正如《麻省理工科技评论》所言：

"没有人能够理解，为什么你要把谷歌眼镜放在脸上，妨碍你的正常社交"。[1]

---

[1] Rachel Metz, "Google Glass Is Dead; Long Live Smart Glasses," *MIT Technology Review*, November 26, 2014，详见链接[1]。

一个价值数十亿美元的公司为何会犯如此错误呢？也许是谷歌对自己取得技术成果的"自负"心理掩盖了谷歌在用户同理心方面的研究。谷歌眼镜设计团队缺乏用同理心的方法解决用户关于人际交往、隐私和社会期望的难题。最终，如图 2-1 所示，把电脑放在脸上的想法被消费者拒绝了。

图 2-1　谷歌眼镜需要使用者将其穿戴在面部

这个案例表明，设计师应该在产品经理和研究人员共同参与的协同机制下解决设计的思维盲点。产品团队有责任确保产品的存在有因可循。同时，团队必须理解产品最终用户的目标和动机。

2.2　好奇心和发散思维

优秀的设计师应对产品的改进优化具有敏锐的洞察力。当其他人选择忍受问题时，产品设计师应该去解决问题。他们应留意那些长期以来习以为常、不易被察觉的糟糕经历。

要做到这一点，设计师必须花费大量精力去学习、发现和验证，同时

能够质疑假设、再三思考显而易见的事实。贝宝(PayPal)、特斯拉(Tesla)和
SpaceX 背后的著名企业家埃隆·马斯克(Elon Musk)将此解释为"从第一原
则推理"(reasoning from first principles)，即在基本真理的基础上形成复杂
的创意。众所周知，SpaceX 是埃隆·马斯克的私人航空航天制造和太空运
输公司，而 SpaceX 的存在正是以上述想法作为思维起点。他问道，"如果
组成火箭的原材料——金属、电子、计算机和燃料——总价值只有 X，那
么为什么火箭的成本却是 X 的 100 倍？"[1]当马斯克意识到整个过程中必
定存在一些(如果不是很多)低效情况时，他看到了一个巨大机会，并利用
这个机会进一步拓展。久而久之，SpaceX 便发展成为第一家采用可重复使
用火箭的航空航天制造公司和太空运输公司，如图 2-2 所示。

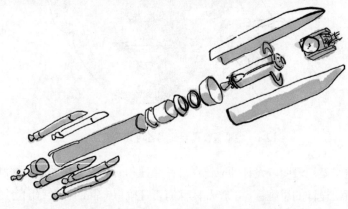

图 2-2　SpaceX 火箭的零部件多如牛毛

　　发明家和企业家托尼·法德尔(Tony Fadell)曾在苹果公司任职时见证
了 iPod 的问世，后来又作为创始人创立了 Nest 实验室。他描述了一种思
维方式，即从孩童的视角去看待世界，然后抛出反问——"为什么不能呢？"
他举了一个这样的例子：当他的小儿子被要求到外面去检查邮箱里是否有
邮件时，他的反问是，"为什么邮箱不能自己检查邮件并告诉我们呢？"[2]

① Elon Musk, "The First Principles Method Explained by Elon Musk," YouTube video, posted byinnomind,
　December 4, 2013，详见链接[2]。
② "The First Secret of Great Design," YouTube video, posted by TED, June 3, 2015，详见链接[3]。

为什么不能让邮箱自己检查呢？这可真是一个好问题。我们可能会觉得，走出门去检查邮箱里是否有邮件是一件习以为常的事情。但是，当我们仔细思考这个问题时，会发现这种做法并不一定是问题的最优解。这就引出了产品设计思维的第二部分，即不要因为思维惯性接受现状，而要认真反思它是否真的能够解决问题。通过这个视角，设计使我们知道何时需要对已知事物进行重新审视，并重新想象什么是可能的。

2.2.1　拥有美德

设计具有塑造人类思想和行为的能力。围绕在身边的事物潜移默化地塑造着人们的感受及观念。保持好奇和开放的心态可以让不可能的事情成为可能，并最终变为现实。设计的第一步始于我们对个人价值观及美德的定义。首先要问这样一个问题：我们想要生活在什么样的世界？

谷歌前设计主管和科斯拉风险投资公司(Khosla Ventures)的设计合伙人艾琳·奥(Irene Au)，简明表述了设计的概念："设计是意图、价值和原则的结晶，以有形的形式表现出来并传递给他人。"[①]对产品设计师而言，明确想在产品中所传达的美德、价值和意图等内在要素是非常重要的。换言之，我们的个人价值观和使命应与团队保持一致。这样，团队才能创造出传达这些价值观和美德的产品。

2.2.2　学无止境

设计师需要不断学习，因为技术随着时代的发展在不断进步，人类的生活方式也在不断改变。相应地，产品也要适应时代的发展，新的功能需要及时添加，过时的功能需要及时删除。

每隔一段时间，创新技术的新浪潮便会涌现，重塑整个人类活动的景观。这也为新产品类别的诞生创造了机会，使整个社会沉浸在全新的生活

---

① Irene Au, "Design and the Self", August 10, 2016, 详见链接[4]。

方式之中。

设计师要不断学习，以适应当今世界的发展。设计师不仅要紧跟创新的步伐，还必须和工程师一起引领创新。技术必须以人为本才能够真正造福人类，推动人类社会向前发展。

作为设计师，我们的天职是将人与事物本身联系起来，让事物为人服务，而不是本末倒置。要达成这一点，设计师必须主动了解新技术，寻找让人们能够感知到技术的新途径。所以，我们有必要关注技术领域的相关标准以及这些标准的变化情况，及时测试和评估涌现的新技术。

当我们谈及为新的数字生活方式进行设计时，设计工具和平台的标准仍悬而未决。这意味着设计师必须保持灵活性，主动吸收数字化设计中不断更新的工具和软件。在设计中学习是一个宽泛的话题，我们将在第 3 章中展开更深入的探讨。

2.3　如何解决问题

对于设计师而言，除了拥有同理心以及开放的、以学习为导向的心态，还必须具备解决问题的能力。

2.3.1　构架，再重构

在我接受设计教育的早期，我听到过这样一个笑话：换一个灯泡需要多少设计师？对于这个问题，设计师可能会这样回答：需要换的一定是一个灯泡吗？这个笑话表明，设计师往往能切中问题要害。

这种直接明了提出问题的方式可以回溯到上文中托尼·法德尔关于从孩童的视角看待世界的论述。究其根源，这种提出问题的方式是本着创造新事物的目的而对现状发起的挑战。

实际上，这种挑战即是重新定义问题本身，也即通过超越其表层价值来挑战先前的假设。但直接明了的表象不一定等同于解决方案的关联性及正确性。设计师应该与产品经理紧密配合，带领团队以这种方式思考问题。具体而言，每个新项目都应该从回答以下两个问题开始：

- 我们站在什么样的立场？
- (这一领域/行业)出了什么问题？

在确定产品的范围之前，针对上述两个问题的回答有助于指明产品设计的方向，使其发挥更大价值。

在此以芝加哥问题建筑的项目为例进行说明，该市设计学院的学生参与了这个项目。当项目开始时，芝加哥市给学生抛出的问题是：如何使拆除空置和废弃建筑的过程更高效？

芝加哥设计学院的杰里米·亚历克西斯(Jeremy Alexis)教授阐述道：[①]当学生针对问题收集数据并进行研究后，很明显就会发现芝加哥市所做出的前提假设与问题本身存在一定的偏差。因为随着时间的推移，建筑物最终空置和废弃的趋势并非不可逆转，而是可以改变和纠正的。这个结论的产生迅速转变为项目的重点。这便是重构的典型案例。

经过深入调研后，学生和芝加哥市都清楚地认识到防止建筑物空置和废弃才应该是项目的重点。这一转变直指问题根源，产生了成本更低、实施更快的解决思路。比如，利用公交广告、公共事业账单插页、社区听证会和演讲等手段来吸引社区的参与并赋予社区权利，然后利用便利贴、横幅和门把手挂钩等手段进一步强调，以告知社区废弃建筑物的拆除情况。随着时间的推移，人们发现了空置和废弃建筑的根本原因，并提出了更有效、更高效地解决该问题的想法。

---

① "What Is Problem Framing in Design?" Vimeo video, posted by IIT Institute of Design, August 19, 2009，详见链接[5]。

2.3.2　了解约束条件

某种意义上，约束促使了设计的发生。毕竟，创新不会在万事俱备的土壤中生根发芽。

原因如下：假设你想创造一台能够实现旅行的机器，使你可瞬间从 A 地到达 B 地。这是不可行的，至少以我们目前的技术水平来说不可行。这种情况下，你所提出的建议只不过是科幻小说里的内容，并不真实。由此可以看出，没有约束，就不会产生具体的产品设计；没有约束，你所创造的只是幻想。产品设计需要让想法贴合现实。因此，我们应走到约束的边界，并理解为什么会有约束存在，最终梳理出产品实现的可行途径。这就是为什么设计师应该熟悉最前沿的技术。

2.4　树立目标

在设计和构建产品时，解决问题必须瞄准特定目标。

2.4.1　实用、可用、有吸引力

一般来说，人们想要的是实用的、可用的以及有吸引力的产品，即那些简单易用又能为生活增添价值的产品。设计想要平衡上述三点，首先要考虑产品的实用性和可用性。好的产品首先必须是实用的和可用的。

我们以剪刀为例，尤其是用于艺术品和工艺品制作的剪刀。如果这把剪刀不够锋利，就无法满足剪纸的基本要求；这把剪刀是不实用的。同时，如果剪刀的手柄不符合人体工程学，即便它是锋利的，也不具备实用性。

如果使用这把剪刀一段时间后，手感到酸痛，那么该剪刀不具备可用性。

如果你想在网上租售你的房子，爱彼迎(Airbnb)网就比克雷格列表

(Craigslist)网更实用，因为爱彼迎网致力于实现此目标。它在列出和出租度假屋方面拥有更好的用户体验和更完备的流程。

也有人认为，基于相同的目的，克雷格列表网更加实用。它在房屋挂牌时不需要进行背景调查，也不需要所在地照片，你仅需提供电邮地址。虽然这两个网站在实用性和可用性上的差异较为显著，但也没有天壤之别。

不过，这两家公司在增长和收入方面的差距确实称得上是天文数字，原因便在于吸引力。这是除实用性和可用性之外评判产品的另一关键标准。尽管吸引力常被忽视，但它才是将伟大的产品与平庸的产品区分开来的关键。

这就是那些既实用又可用但缺乏吸引力的产品卖不出去的原因。1997年，史蒂夫·乔布斯(Steve Jobs)曾对此进行了解释。当谈到苹果应推出什么产品来扭转公司颓势时，他说："我们要做的就是把这个产品举起来，然后问所有人是否需要该产品。"

10 年后，乔布斯推出第一款 iPhone 进行市场验证。随后几年，人们对"你想要一部 iPhone 吗？"这个问题给予了积极回应。人们年复一年地在街角排队，想成为第一批购买到最新款手机的人。

初代 iPhone 如图 2-3 所示，它完全满足了上述三个标准。首先，它具备实用性，因为它集电话、互联网浏览器和音乐播放器等功能于一体——这样的设备从未在市场上出现过。其次，它具备可用性，即使是蹒跚学步的孩子也能拿起它并学会基本功能。另外，它极具吸引力，人们迫不及待地想拥有，因为它给人的观感相当不错。因此，iPhone 很快成为身份的象征。

当然，为了从一众产品中脱颖而出，苹果手机非常注重细节的打磨。手举产品并询问人们是否需要它并不一定管用，但围绕产品的吸引力进行设计仍然是关键。

图 2-3　第一款苹果手机于 2007 年揭开面纱

2.4.2　可实施性、可行性、可取性

产品要具有实用性、可用性和吸引力的标准之外，还要具有可行性、可实现性和可取性的标准。该标准超越了产品实用性和可用性的标准，并给出了任何团队在开始一个新项目之前应该考量的三个关键问题：

1. 这对公司是否有好处？

2. 这是否可行？

3. 这是人们想要的吗？

如果一个产品具有实用性、可用性和吸引力，也并不代表它能被顺利制造出来并实现量产。同样，如果一个产品能够被量产，也并不意味着它具备可持续性及经济价值。产品设计师不仅要在设计过程中考虑到产品的可用性和可取性，还要充分考虑可实施性和可行性。

2.4.3　最终目标

设计的隐性成本是其对社会和自然环境的影响，这种影响几乎无法预见。设计师应尽最大努力预测可能造成的损害。

图 2-4 介绍了设计师在评估新项目时应采用的目标维恩图。

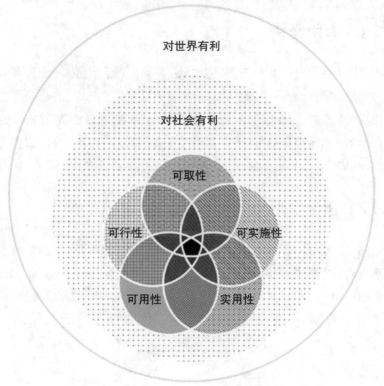

图 2-4　产品目标维恩图

2.5　定义产品

对于创业公司而言，定义自己想要创造的产品尤为重要。产品设计师应考虑自身及公司的价值观、美德和使命，以此为据来定义产品愿景。

有些人将该过程称为"开发最低程度的可行特征"，[①]另一些人则将其称为"创造最低程度的可取产品"。[②]我认为这些行话的核心思想是一致的，它们都紧紧围绕着一个问题：我们如何才能使创造的产品给人们带来满意的体验呢？

2.5.1 有所坚持

定义产品应通过以下三个步骤实现：第一，对于产品的理念要有所坚持。我们必须描绘一个未来的愿景，坚信通过我们的产品能使愿景得以实现。这样，即使产品还不够好，我们也能及时挽留客户。以特斯拉"Roadster"跑车为例，这个产品作为特斯拉激进的宣言，象征着特斯拉所希望代表的未来。尽管这个最简化可行产品问题缠身，但消费者依旧买账。

2.5.2 指导原则

第二，产品应有一个指导原则，即产品应拥有比市面上的竞品好十倍的核心体验或技术。[③]当谷歌的搜索引擎和 iPhone 的触摸屏首次推出时，它们的体验就比市面上的竞品好十倍。务必确保某些功能或体验是出类拔萃的(在好的方面)，这能使目标客户主动宣传并维护你的产品。因此，仅仅怀抱愿景是远远不够的，你的产品必须至少在某个体验上比竞争对手的好十倍。

2.5.3 掌握足够的细节

第三，产品必须有足够的细节。不必对所有细节都交代清楚，但应该

---

① Fred Wilson, "Minimum Viable Personality," AVC blog, September 2011，详见链接[6]。
② Andrew Chen, "Minimum Desirable Product," December 7, 2009，详见链接[7]。
③ Mark Suster, "Your Product Needs to Be 10x Better Than the Competition to Win. Here's Why," March 11, 2011，详见链接[8]。

交代的重要细节必须到位，比如线条、布局、颜色、文字、图像、插图、交互和动画等。为了确定细节，应该想想产品的核心路径和主要功能是什么，以及这些体验是否令人愉悦。就初代 iPhone 而言，有许多方面的表现并不尽如人意(如电池寿命、相机、价格等)，但就听音乐、浏览网页、滚动曲目列表以及封面浏览等核心功能的体验而言，绝对令人愉悦。史蒂夫·乔布斯在产品发布会上甚至用了几秒钟来展示"橡皮筋"效果：当列表到达屏幕顶端时，会欢快地弹跳起来，[①]如图 2-5 所示。

图 2-5　史蒂夫·乔布斯演示初代 iPhone 的"橡皮筋"效果

2.6　本章小结

设计需要对人性有深刻的理解：是什么让人们做出这样的举动？人们相信什么？人们会重复做什么？人们会忽视什么？当然，在设计实践中，产品设计师需要考虑的问题远不止于此。他们在企业家和工程师之间，在

---

① Steve Jobs, "Steve Jobs iPhone 2007 Presentation (HD)," YouTube video, 51:18, posted by Jonathan Turetta, March 13, 2013, 详见链接[9]。

崇高的愿景和现实的能力之间，处于一种不断协调的状态；他们在"需要去做什么"和"能够实现什么"之间必须做出妥协、确定需求的优先级并反复推敲。当产品设计师处于外部压力之间时，就说明真正的产品设计已然从他们的思维模式中诞生。

这是一种以人为本的思维模式，而非将机器、目标或系统放在首位。这也是一种摒弃教条、打破无价值惯例、抛弃不真实假设的思维模式。这种思维模式融合了创业的理想主义、工程技术的严谨性、艺术表达的情感性以及对人性的深刻理解，使得产品能够真正帮助和造福人类。

第3章

实践、任务和体验

关于设计，有一个经常被忽视的事实：人们往往在设计前已经知道该怎样去做了。如果你已经勾勒出想做的东西，无论是玩具、家具还是衣服，就说明你已经在脑海中设计好了。本质上，设计是对可以转化为实际事物和系统的想法的描绘。由此可见，创造出任何事物的任何人都可以被称为设计师。

本章的第一部分详述了每个人都是潜在设计师的概念，解释了如何将这个概念延伸到创业公司的设计中。同时，强调了精通技能是做好设计工作的必要先决条件。

本章的第二部分介绍了产品设计的真正含义。产品设计不仅仅是创建一个物理或数字对象，还涉及人们借助于被设计和制造的产品所完成的任务，以及在完成这些任务时所获得的体验。

3.1 工匠思维

"雕塑就是取其精华，去其糟粕。"

这个看似简单的说法来自法国雕塑家奥古斯特·罗丹(Auguste Rodin)。该说法反映了他对工艺和技巧的多年积累，同时也告诫我们在成为大师级工匠或艺术家前，需要付出很多努力。

我们可以在脑海中想象出人物、动物、风景的画面，就像罗丹可以想象出一个坐在岩石上沉思的人一样(见图 3-1)。但是，将大理石多余的碎片切掉，使这些逼真的人物、动物和风景具象化，是一项比想象更加困难的技能——某种程度上，只有少数人才能像罗丹一样做到这一点。这就是为什么罗丹被认为是有史以来最伟大的雕塑家之一。

图 3-1 罗丹的《思想者》

罗丹的成就，大多归因于他对锤子和凿子的熟练掌握。他不仅可以想象出最终作品呈现在大理石上的样子，还可以利用他的工具使其成为现实。正是这种能力让罗丹从众人当中脱颖而出。

在进行雕塑创作时，工匠需要知道确切的雕刻角度和力度，以确保每次雕刻的目的性。同时，雕刻必须按顺序进行，去除岩层时尽量避免破坏岩石。尽管成为雕塑大师还需要具备其他技能，但光是掌握精确雕刻岩石的能力就需要花费数年的时间。

锤子和凿子是罗丹创作大理石雕塑的主要工具。熟练掌握工具能让工匠与工具合二为一，使工具像手一样自然地成为身体的一部分。实现这一点后，工匠就可以全身心地解决作品设计上的问题，从而不必担心自己的构思无法实现。

这便是成为优秀设计师的核心理念。在设计领域，精通工具是必须的，因为在很大程度上产品设计需要对想法进行交流，无论交流的对象是数千人的团队还是设计师自己。设计并制作一个在后院使用的木凳，也许在纸上画一张简单的草图就足够了。然而，为了建造一艘大型海运集装箱船，设计师团队必须借助绘图、文字报告、视频或 3D 模型等工具，和成百上千的人进行沟通与协作才能完成。

要想设计出优秀的作品，必须精通必要的工具，使其成为第二天性。虽然具体的工具会改变和更新，但精通工具这一要求亘古不变。

3.1.1 熟能生巧

设计领域中有一则经常被引用的寓言，源于《艺术与恐惧》[1]一书。作者在书中讲述了一个有关陶瓷课的故事。

陶艺老师在开学当天宣布，将全班分成两个小组：站在教室左边的人，最终以作品的数量来评分；站在右边的人，最终以作品的质量来评分。评

---

[1] David Bayles and Ted Orland, *Art & Fear* (Saint Paul, MN: Image Continuum Press, 1993), p. 29。

分流程很简单：在上课的最后一天，老师会带上他的秤，测量"数量"组的工作量。罐子的重量达到 50 磅就评为"A"，达到 40 磅就评为"B"，依此类推。而那些在"质量"组的人只需要制作一个罐子，让这个罐子尽可能完美就可以得到"A"。评分时，一个奇怪的现象出现了：高质量的作品都是由"数量"组产生的。当"数量"组忙于工作并从错误经验中汲取教训，不断完善工艺时，"质量"组却一直在理论上追求罐子的完美。最终，他们的成果除了所谓的"完美"理论和一堆陶土之外，一无所有。

　　"熟能生巧"意味着出色的工作从来不是"天才"的结果。实际上，"天才的灵光乍现"源于不断的实践和付出。看似与生俱来的天赋，背后却隐藏着千百次的反复练习与实践。神童从小便开始学习和练习某些技能，并随着年龄的增长不断提升。比尔·盖茨 13 岁开始编程，而当时，大多数 13 岁的孩子甚至没有见过计算机。他所在的学校恰好是最早为学生购买计算机的学校之一。再者，从四岁开始，莫扎特的父亲便教莫扎特弹钢琴。比尔·盖茨和莫扎特能成功的原因就在于他们从未停止过精进技艺(见图 3-2)。

图 3-2　比尔·盖茨与莫扎特

　　天才是努力付出和不断实践的结果，这一理念近年来在马尔科姆·格拉德威尔(Malcolm Gladwell)的《异类：不一样的成功启示录》(*Outliers*：

The Story of Success，Little，Brown 出版社，2008)、杰夫·科尔文(Geoff Colvin)
的《哪里来的天才？》(*Talent Is Overrated*，Portfolio/Penguin 出版社，2008)
和安杰拉·达克沃思(Angela Duckworth)的《坚毅：释放激情与坚持的力量》
(*Grit：The Story of Passion and Perseverance*，Scribner 出版社，2016)等书籍
中得到诠释。这些书籍为我们提供了各种轶事和学术依据，证明人们想要
通过练习取得惊人成就需要坚持数年，甚至数十年。

刻意练习是这些书的核心思想。这一概念由佛罗里达州立大学心理学
教授 K. Anders Ericsson 率先提出，指在很长一段时间内对特定领域的特定
技能进行有意识的集中练习。简而言之，刻意练习就是反复挑战自己，完
成比其他情况下稍微难一些的任务。在这一过程中，实践者需专注于练习
和提升自己。经过多次反复的刻意练习，一个人在所选领域的整体技能水
平会大幅提高。

刻意练习适用于每个工作领域。例如，要设计出更好的产品，就必须
先设计出很多产品。对于行业新手来说，提升自己的最好方式就是从事自
己所能找到的所有项目，尤其是所从事领域的项目。此外，还需通过大量
的实践与学习来熟练掌握工具。

3.1.2　绘制草图

与工程不同，产品设计不负责最终设计的构建、实施或制造。设计和
工程应该密切配合，但设计并不是将产品带入生活的最后一环。

相反，设计通过演示、规划和建模来传达产品的创意。设计师主要负
责传达解决方案及解决方案的实现方式。设计师的共同技能是速写创意的
能力。无论做什么设计，都需要具备这一基本技能。

绘制草图不是为了美，而是以最有效的方式交流设计创意。它是一项
用最简单的形状捕捉事物基本形式的必备技能。如果你知道如何绘制圆形、
矩形和线条，就知道如何绘制草图。

设计可以像在餐巾纸背面绘制草图一样简单。在整个设计行业的发展

过程中，绘制草图可能是最基本的技能。对弗兰克·盖里(Frank Gehry)等经验丰富的建筑师来说，绘制草图是他们的工作重点，而他们的团队负责将这些设计变为现实。

草图的绘制通常在产品设计的初始阶段完成，它们应该代表高层次的创意，而不是具体细节。这些创意的产生非常迅速且未经筛选，方便后续快速迭代。因此，不要轻易修改你的草图。

3.2　任务和体验

产品设计通过创建对象、体验、系统和网络解决问题。广义上说，每个人都是设计师，因为每个人都是问题的解决者。以下介绍了一些常用方法和要素，用来补充产品设计问题解决的内容。

3.2.1　待办任务

待办任务模型(Jobs-to-be-done Model)是构建设计问题的好方法。"待办任务"一词是作家兼商业顾问艾伦·克莱门特(Alan Klement)[1]根据对Intercom[2]产品团队的洞察所提出的。该模型的核心思想可总结为以下公式：

当_____时，我想_____，所以我可以_____。

例如，当我早上起床时，我想知道今天是否会下雨，这样我就可以知道是否需要带把雨伞。"当"描述了当时的情况。"我想"描述了与情况相关的动机、需求和预期目标。"所以我可以"描述了不易被察觉的预期结果或真正目标。

---

① Alan Klement, "Replacing the User Story with the Job Story," JTBD.info, November 12, 2013，详见链接[1]。
② Paul Adams, "The Dribbblisation of Design," Inside Intercom, May 21, 2018，详见链接[2]。

使用该模型可以顺利确定设计问题的结果。根据这个结果，可以对产品及其内部运作逐步展开逆向工程。

最早提出用待办任务模型分析商业或设计问题的是哈佛商学院的克莱•克里斯坦森(Clay Christensen)教授。他在 2007 年的一次演讲中，讲述了麦当劳用该模型提高奶昔销量的例子[①]。根据顾客的反馈，麦当劳的奶昔销量有明显提升。

克里斯坦森在演讲中告诉观众，当顾客购买麦当劳的奶昔时，他们需要完成的是一项"任务"。麦当劳要做的是找到那份"任务"并把它做得更好。克里斯坦森的一位同事一天内在麦当劳站了 18 小时，观察每笔涉及奶昔的交易，记下谁买了它们，什么时候买的，顾客是成群结队还是自己一个人，以及这些顾客还买了什么东西。

规律出现了：当天的奶昔有一半以上是在清晨时段售出，买奶昔的人几乎都是独自一个人，而且只买了奶昔。购买后，他们没有留在餐厅喝奶昔，而是立即驾车离开。

为了弄清楚购买奶昔的顾客需要完成的"任务"是什么，研究团队询问了那些顾客。当被问到是什么原因让他们在早上 6 点 30 分来到麦当劳买奶昔时，顾客们对这个奇怪的问题感到困惑。但经过克里斯坦森团队的解释后，顾客们透露他们来买奶昔的原因是一样的。他们上班的路途漫长且无聊，奶昔可以让他们保持精力充沛，不至于在路上打瞌睡，而且可以让他们在上午 10 点的茶歇之前都能有饱腹感。开车的时候，他们的一只手必须放在方向盘上，这时喝奶昔就显得很方便，因为只需要一只手就能喝上(用吸管)，而香蕉或甜甜圈之类的食物则需要两只手，这不仅会把车内弄脏，还容易吃不饱。此外，与咖啡不同的是，奶昔喝起来的感觉像是在吃一种食物，即使容器被打翻，奶昔也不会流出来。最重要的是，喝完一杯奶昔大概需要 20 分钟，这让顾客在大部分通勤时间都觉得有事可做。

---

① Clay Christensen, "Jobs-to-Be-Done—Prof. Clayton Christensen," YouTube video, 7:56, posted by Strategsys, May 13, 2017，详见链接[3]。

经过洞察，麦当劳的工作人员决定改进"任务"的方案。首先，他们让奶昔更浓稠，使其在通勤期间能维持更久。其次，他们在奶昔中添加了大块水果，这样吃起来更有趣，通勤就变得不那么乏味了。最后，他们将自动售货机从收银台后面移到了柜台前面，并安装了自动刷卡支付系统，这样顾客就可以免排队并实现自助，从而节省了更多的通勤时间。做出这些改变后，奶昔的销量增长了 4 倍。

也可以从目标和体验的角度来理解待办任务模型，即产品应始终从用户的角度出发，以提供理想体验的方式来解决用户真正的需求。

3.2.2　目标和体验

产品不只是我们创造的东西的材料，也不只是系统的内部运作，它还能帮助人们构建实现目标的途径，使原本做不到或很难做的事情得以完成。

产品有用才能帮助人们实现目标。如第 2 章所述，看似有用但完全无法使用的产品不具有任何价值。而毫无吸引力的产品，即使具备实用性和可用性，也不会被经常使用。

产品设计需要让产品变得有用、可用和充满吸引力，实现这些功能的过程通常被称为体验设计。

体验设计或用户体验(User Experience，UX)设计涉及系统如何响应用户并与用户产生交互。良好的用户体验设计让用户有归属感、掌控感和参与感，糟糕的用户体验设计会令用户沮丧、困惑和焦虑。以下案例能够让大家了解用户体验设计的重要性，并直观展示了良好的用户体验设计是如何影响一个行业的。

2001 年，苹果公司在其历史上首次推出了零售商店，这引起了许多计算机同行的嘲笑，诸如"对不起，史蒂夫：这就是为什么苹果商店行不通"[1]等标题占据了科技媒体的封面。人们对这个想法嗤之以鼻，因为像

---

① Cliff Edwards, "Commentary: Sorry, Steve: Here's Why Apple Stores Won't Work," May 21, 2002，详见链接[4]。

戴尔和惠普这样的公司想要创建成功的零售商店都很难。然而，如 2001 年苹果商店宣传视频中展示的那样，创始人兼首席执行官史蒂夫·乔布斯为这些实体店描绘了蓝图。

人们不再满足于购买个人计算机，而是想进一步了解它的作用。这正是我们想给人们展现的。

——史蒂夫·乔布斯[1]

当时，苹果公司的团队意识到，苹果公司的许多竞争对手只注重开发产品和促进销售，很少关注用户在特定情况下理解、学习和使用计算机的需求，以及实际使用计算机的体验。那时，人们对于"购买一台计算机"并不陌生，但苹果公司认为，人们必须明白"购买一台计算机"对于他们而言到底意味着什么。凭借这种洞察力，苹果公司迅速打破了计算机行业的"共识"，开设了线下实体店，让消费者可以亲自试用计算机。这种商业模式盘活了整个市场。

与其他大多数科技公司的策略相反，苹果公司的产品针对的不是精通技术的人群，而是那些不熟悉计算机的人们。就像史蒂夫·乔布斯在商店介绍视频中讲述的那样：

我们生产的每件产品都摆在了商店进门的位置。正如你在天花板上看到的，我们甚至在这一侧贴上了"家庭""音乐""天才儿童""专业人士""电影"和"照片"等标签……每一台计算机都连接到互联网……你可以亲身体验。

……大多数产品都在进行自我演示……我们现在选择的解决方案是音乐、电影、照片和儿童……

去买计算机时或买了计算机后，有问题可以请教技术人员，不是很好吗？我们称它为 Genius Bar……会有专人在店内提供服务，可以回答你提

---

① Steve Jobs, "Steve Jobs Introduces the Apple Store (2001)," YouTube video, 4:14, posted by vintagemacmuseum, May 19, 2011，详见链接[5]。

出的任何问题，如果此人不知道答案，可以给库比蒂诺的苹果总部打电话，我们在那里有专人处理你的问题。

现在看来，这个策略十分简单。苹果公司没有在商店里贴满有关产品硬件和软件的详细规格信息，而是向用户展示可以用计算机做什么，并解决用户在购买之前、期间和之后可能遇到的问题。苹果公司创造了一种独特的购买体验，让购买计算机变得平易近人，甚至令人愉悦。

从创业公司的角度来看，苹果公司触及了体验设计的精髓，即通过创建有效满足需求的解决方案，并将这些方案传达给用户，解决了目标用户所面临的基本需求和挑战。

下面让我们逐一分析。早在 20 世纪 90 年代后期，人们出于各种原因开始使用计算机。有些人将它们用于商业——编写文档以及创建演示文稿和电子表格；有些人则将它们用于游戏；也有些人使用计算机为其他计算机编写软件程序。在此背景下，苹果公司审时度势，了解到针对这些高级用户的市场竞争已经非常激烈，而苹果公司现有的产品线根本不足以吸引他们。

因此，苹果另辟蹊径，通过瞄准新用户来扩大个人计算机市场。这些新用户可以从计算机提供的娱乐、教育和信息共享中受益。与此同时，苹果公司的高端计算机系列专为专业人士量身打造——他们的工作需要特殊软件，他们的需求不同于办公室工作人员、游戏玩家和程序员的需求。

苹果公司的这一决策十分正确。当时，计算机行业火爆，公众对个人计算机充满好奇，急于想了解更多相关内容。然而，当潜在客户走进传统的计算机零售商店时，体验往往很糟糕。因为当时的营销模式主要是为专业人士展示为其量身定制的计算机。自然地，外行人就会被冰冷、硬性的技术规范所疏远，并发现他们既不会使用计算机，又没有什么时间学习它。

这正是苹果比其他公司更早关注到的细节。关键结论在于，改变行业的产品设计始于技术领域的重大变革。对策略的关注通常不被认为是体验设计的一环，但正如第 2 章所讨论的那样，商业可行性和技术可行性都是产品设计的核心。创业公司所处的环境瞬息万变，其命脉就掌握在下一轮风投前，商业模式是否被验证成功。

这种策略使苹果商店的体验设计取得了成功。然而，尽管产品开发团队执行了这一策略，但苹果面临的最大障碍是将见解传递给潜在受众。将苹果产品与其他注重技术规范的产品一起放在大型计算机零售商那里统一售卖是错误的，因为这些零售商无法像专门的代理机构那样讲述苹果公司的故事。因此，建立零售商店很有必要。

正如史蒂夫·乔布斯所解释的，苹果商店的设计充分满足了这些新用户的需求，让他们能够亲眼看到计算机可以为他们做什么。苹果商店干净、优雅，建筑和室内设计大胆、前卫，这进一步增强了观者的体验，让用户的满意度达到了计算机行业闻所未闻的水平。为了向目标用户展示针对他们的需求定制的解决方案，苹果公司经常举办活动、邀请媒体并制作简单的说明视频，这些策略让用户更加了解产品。沟通解决方案的最直接形式便是商店的地点。苹果公司在竞标中击败了其他零售公司，花大价钱买下大城市中人流量集中的地点，让路人亲眼看到苹果商店是干什么的。

总而言之，产品的战略、定位、用户体验的执行、设计和营销的结合使苹果零售商店取得了巨大成功。这种商业模式不仅重塑了计算机行业，还影响了整个零售行业及其他行业。如今，苹果商店已成为苹果一系列软件和硬件业务的基石。

对于设计新产品的创业公司来说，从苹果案例中获得的主要经验如下：

(1) 找到被忽视的用户目标或需求。

(2) 实现这些目标的同时，怀揣同理心，寻求改善用户体验的方法。

(3) 向用户清晰明了地传达这些改进。

3.3 本章小结

为了确保产品的长久成功，设计师必须具备工匠思维。首先，需要掌握必备工具；其次，需要以一种刻意和专注的方式不断提升设计技能。

有意义的体验是优秀产品设计的核心产出。这一点也是对产品设计师的基本要求，尤其是那些在创业公司中设计数字产品的产品设计师。要想打造一款出色的产品，就要像苹果公司那样，必须再三思考商业策略和沟通方式，而产品设计师必须是这两者的共同制定者。

第 4 章

有效评估
并形成创意
在开始设计之前

本章将介绍创业公司如何进行产品创意构思、开发和评估。这些必备技能可以将创业公司的产品设计师、大型企业 UX 设计师与工作范围不包括许多商业及个人考虑的平面设计师区别开来。

创意一抓一大把，但创业公司只有通过设计、测试、反馈和迭代，才能评估创意的商业影响。设计产品并用原型来测试比构建实物要更快更节省成本。

本章将讨论产品设计师如何帮助创业公司测试和评估创意，并展示创业公司开发的常见产品创意类型，解释如何通过研究和数据来验证创意。

4.1 变革的时代

2016 年年中有一篇红遍全网的帖子①：

1998 年：

- 不要上陌生人的车
- 不要交网友

2016 年：

- 网约车(通过网络邀请陌生人上车)

这个帖子(如图 4-1 所示)充分说明了人类社会的变化。由于技术不断革新，曾经被嘲笑或难以理解的创意已成为现实。然而，这种变化想要实现，需要不断听取人们在使用这些产品的过程中所产生的评价和见解。本章介绍了产品设计师如何运用他们的技能和视角，在产品团队中实现这些见解。

图 4-1 网约车(通过网络邀请陌生人上车)

与平面设计师不同，创业公司的产品设计师负责评估产品和商业背后的理念。创业公司不稳定，且创意往往比较平庸。正如第 3 章陶瓷课故事中提到的，成功从来都是通过反馈不断迭代的结果。不断迭代改进才能让一款优秀的产品脱颖而出，看似牵强的创意最终也能为全世界的人们提供

---

① Carol Nichols, Twitter post, July 1, 2016, 10:17 p.m，详见链接[1]。

价值数十亿美元的效用。

亚马逊、谷歌、Facebook、Uber、Airbnb 都采用了类似的方式实现了指数级增长。

创业公司的产品设计师通过设计来连接产品定义和用户体验，确保团队所做的事情能正确并有效地解决产品存在的问题。这也是设计师所处团队胜利的关键。

产品设计师需要界定团队完成的工作，带领团队优化设计，将设计转化为现实。因此，他们要知道如何提出并评估创意，再将其转化为可行的项目。

4.2　获取创意

技术公司或创业公司的创意大致可分为以下三类：

1. 简化
2. 同类概念产品("我也是")
3. 虚拟化

这些类别可以重叠、混合甚至组合，但几乎所有的创业公司和产品创意都脱胎于此。例如，各种在线报税软件虚拟化了税务会计师亲自纳税的任务；2016 年，Facebook 推出了和微信公众号概念一样的名叫 Chatbots 的同类产品；Uber 和 Lyft 等各种拼车应用程序都将叫车过程简化为两个步骤：打开应用程序，按下按钮。

成功或失败可能来自任何类型的创意，并且存在于每个市场。因此，创业公司进入一个行业时，无须纠结应该专注于哪种创意。重要的是，与竞争对手相比，创业公司的创意必须能更好地满足用户的需求或愿望。换句话说，产品必须满足用户需求，并比市场上的现有同类产品做得更好。

著名的互联网企业家比尔·格罗斯(Bill Gross)在接受经验丰富的天使

投资人马克·苏斯特(Mark Suster)[①]采访时强调,(新)产品需要比竞争对手的产品好十倍才能取得成功。虽然很难准确地量化这里提到的"十倍"这个概念,但以十倍为目标可以确保产品有机会脱颖而出。当然,团队不应该专注于量化的改进,而应该专注于创造更好的产品。

那么,如何获得一个"十倍"的产品呢?

4.2.1　产生创业创意

提出好的创意没有固定模式。通常来说,最好的创意来自我们遇到的问题。当然,这并不是说我们不能解决没有亲身经历的问题,关键在于要真正了解所遇到的问题及行业。只有这样,产品才能具备蓬勃发展的潜力与可行性。只有产品切实可行,才能给用户带来出色的体验。

通过具备同理心并采用第 2 章的方法,产品设计师可以引导我们理解问题所在。然后,如第 3 章中克莱·克里斯坦森强调的那样,必须要完成的"任务"需被清晰地界定。之后要与项目经理一起分析,助其理解所在市场或领域的"任务"。

如果你的团队苦于开发新产品,不妨先停下来观察周围,试着找出生活中可以改善的体验。问问自己:我们尝试解决什么场景和情形中的问题?我们需要完成哪些任务?有没有可以简化的东西?是否有产品和服务可以被带到另一个市场?我们在寻找答案的同时不要忘记自己的目标,即打造一款可以帮助人们完成任务的产品,并且比现有产品好十倍。

提出这些问题有助于明确自己的观点,去思考世界可能会变成什么样。著名企业家和投资者保罗·格雷厄姆(Paul Graham)[②]对这一观点做了最好的总结。

活在未来,然后创建缺少的东西。

① Mark Suster, "Your Product Needs to Be 10x Better Than the Competition to Win. Here's Why:," Both Sides of the Table, March 11, 2011,详见链接[2]。
② Paul Graham, "How to Get Startup Ideas," November 2012,详见链接[3]。

如果你正在开发一款技术驱动的创新产品，这句话尤其适用。格雷厄姆的话抓住了创业公司中产品设计师的责任和机遇。与产品经理一样，产品设计师理应相信团队具有解决公司问题的能力。然而，与产品经理不同的是，产品设计师需要确保所提出的、测试的或构建的解决方案是为待办任务而创建的，并能够提供理想的用户体验(如第 3 章的苹果商店)，而不是将用户体验硬塞到现有技术中(如第 2 章的谷歌眼镜)。

这里的关键是要区分人们所说的问题和他们愿意花钱去解决(哪怕是部分解决)的问题。有时，人们会随口说想要什么，但当要求他们付钱时，他们便犹豫了。这类问题需要避免。保罗·格雷厄姆用"井"的比喻说明了两种创业创意的区别。前者是宽而浅的，因为它对很多人来说都是一种不错的选择。而后者是窄而深的，这意味着少数人非常想要该产品(见图4-2)。微软、苹果、雅虎、谷歌和 Facebook 均以开发一小部分人非常想要的利基产品起步。

格雷厄姆建议通过以下问题来衡量创意：谁现在就想要这个？谁渴望使用，即使它是一个从未听说过的两人创业公司提出的糟糕设想？如果不能轻而易举地找到答案，那么这个创意可能行不通。

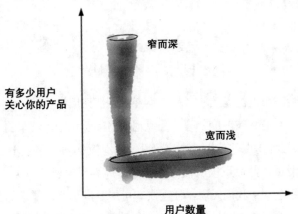

图 4-2　宽而浅与窄而深的 MVP(最简化可行产品)

MVP(最简化可行产品)理论可以验证产品创意的可行性。MVP 必须是最简的和可行的，它应该在投入尽可能少的精力时，切合尽可能多的假设。简单构建无关紧要的小产品是无益的，因为具备可行性的产品不会无缘无故出现。否则，每个产品都可能成功。产品设计的关键是要平衡最低限度和可行性。

构建 MVP 需要找到待完成的特定(狭窄)工作，创建解决方案，最终出色完成该工作。关键在于，解决方案应该帮助用户实现目标，同时又将用户限制在细分市场或利基市场。例如，Groupon 网购平台最初是一个面向芝加哥地区购买优惠券群体的 Wordpress 博客，仅限于特定地理区域；Spotify 音乐播放器仅包含少量歌曲，可以即时流畅地播放音乐，以便与家人和朋友分享；Slack 公司最初仅为技术公司的工程师服务，这与它今天服务的用户和行业相比，算是利基受众。

MVP 应是一个真正的产品，能够在最低限度内完成客户的任务。最初，其主要目标是学习，随着每一轮的反馈，产品变得越来越好。敏捷与精益方法论的作者兼顾问亨利克·克尼伯格(Henrik Kniberg)列出了一个图表，以说明 MVP 的构建方式[1]，如图 4-3 所示。

图 4-3　应该如何构建 MVP

仅仅给客户提供零散的产品，不会得到任何用户反馈，也不会验证任何假设，这不是 MVP 的初衷。在克尼伯格的示例中，汽车的工作是将客户从 A 点送到 B 点。首先，客户可以使用滑板从 A 点到达 B 点。客户有机会体验滑板，然后反馈滑板能不能很好地满足自己从 A 点到 B 点的需求。在实践过程中我们发现，使用汽车可能是满足客户需求的最佳解决方案；或者，自行车表现最佳；或者，汽车都不够用，那么飞机就成了满足

---

① CRM Team, "Making Sense of MVP (Minimum Viable Product)," YouTube video, 11:46, August 1, 2016，详见链接[4]。

客户需求的最佳选择。关键在于只有通过该过程，我们才能洞察反馈，从而打造出满足客户需求、提供出色体验的产品。

4.2.2　止痛药、维生素与糖果

有一种类似的方法可以评估产品创意，即风险投资家凯文·冯(Kevin Fong)[①]提出的止痛药、维生素和糖果类比法。凯文·冯认为，创业公司应该扔掉糖果(现有利好)，因为他们只关注维生素(发展要素)，而真正需要关注的是止痛药(解决方法)。

这种精神只有在不按字面意思理解时才能领会。有些人的生活并不依赖于糖果。然而，对于那些特别喜欢甜食的人来说，糖果可以被视为止痛药，因为如果不吃糖果，他们的生活质量会大大降低。关键在于，要弄清楚产品是什么类型的止痛药，适合谁。

如果你无法确定这两个问题的答案，那么说明创意可能还不够好。

4.2.3　构建、衡量、学习和迭代

创意被选中后，团队应致力于将其变成现实。此时，目标不应是出售创意并从中获利，因为此时的产品很可能还未满足用户需求。设计师很可能需要重新构思产品，毕竟创意离目标仍有较长的距离。接受这种不确定性，反复进行迭代，才能创建好的产品。

构建—衡量—学习是创业顾问、作家、企业家埃里克·莱斯(Eric Ries)[②]提出的"精益创业"产品开发理论中的重要环节。莱斯通过这种方法帮助创业公司将"假设驱动实验"(hypothesis-driven experimentation)的产品迭代与真实用户的"验证性学习"(validated learning)结合起来。

使用"精益创业"的最大好处在于缩短了生产 MVP 和产品/市场匹配

---

① Stephen Fleming, "How to Get Startup Ideas," Academic VC, June 4, 2007，详见链接[5]。
② Ash Maurya, *Running Lean: Iterate from Plan A to a Plan That Works* (Sebastopol, CA: O'Reilly Media, Inc., 2012)。

的时间。这是市场上一个难以捉摸的地方，如果实现了这一目标，就证明创业公司的产品可以满足客户的核心需求，创业公司就可以专注于扩大产品规模了。

与敏捷软件开发方法类似，几乎所有的硅谷创业公司都采用了精益流程。精益流程成为构建产品的有效方式，因为它促使产品由创意形成阶段过渡到创意评估阶段。精益方法的核心理念就是构建、衡量和学习的迭代过程。

在衡量用户对 MVP 的反应和行为时，团队会做出调整，甚至完全转向。这个过程如图 4-4 所示。

图 4-4　构建、衡量和学习

4.2.4　打造开放性环境

虽然在构建、衡量和学习的迭代过程中，善于分析和批判很重要，但创意的产生应具有包容性和开放性，因为最好的创意可以来自任何地方。这并不意味着一个产品应由委员会来构建并确定范围。产品开发团队应保持开放的心态，让每个人都能提供想法和假设。

产品设计师应具备一定的职业素养，营造可以接纳不同创意的环境。任何人都应该因为自己提出了一个创意而感到高兴。

此外，仅依靠天才的思想和努力，制造不出经久不衰的产品。一个优秀的团队，其整体的力量远大于个体成员的总和。因此，作为连接产品定义和用户体验的关键人物，产品设计师应该让好的创意从任何地方、任何人中涌现，让包容开放的团队得以培养创意。

乔纳森·伊夫(Jonathan Ive)很好地解释了为什么必须培养创意[①]，因为每一项重大创新在一开始看来似乎都是不可能的。

史蒂夫曾经对我说过——而且他经常这么说——"嘿，乔尼，我有个愚蠢的想法。"

有时他提出的问题真的很傻，有时甚至很糟糕。但有时他的问题也会引起我们的沉思，让我俩完全保持沉默。我们有着大胆的、疯狂的、伟大的创意，又或是极其简单的、微妙而细节的、却又深邃的点子。

就像史蒂夫热爱创意和创造一样，他以一种罕见而美妙的敬意对待创造的过程。我认为他比任何人都更清楚，虽然创意最终会变得强大，但它们在最初是脆弱的，是勉强形成的想法，很容易被错过、被妥协和被压制。

在产品设计中，不应该有任何的冷嘲热讽，而应该让所有创意得以展示并验证。毕竟，我们永远不知道哪些滑板车最终会变成汽车。

4.3 研究和数据

第 2 章介绍了同理心的重要性。产品设计师需要具备同理心的特质，以体现设计对象的思想情感。

但是，在产品的测试和学习阶段，产品设计师应该掌握并部署另外两项与理解用户相关的技能，一是用户研究及分析结果的能力，二是与数据科学家或工程师及产品经理一起理解并分析数据的能力。

4.3.1 用户研究

用户研究是关于理解用户的工作，包含理解实际和潜在用户的目标、

---

① Jonathan Ive, "Jonathan Ive—Tribute to Steve Jobs," YouTube video, 7:29, October 24, 2011, 详见链接[6]。

动机、行为和思维方式等。

用户体验可以归结为用户与产品、公司、产品或公司的代表实体(电子邮件、产品包装等)之间的接触点。对于创业公司来说，用户研究对产品的影响主要体现在以下三个方面。

首先，用户研究可用于验证某个创意的优势，分析创意是否值得继续探讨。其次，用户研究可用于评估现实产品，看看用户是否倾向于某些功能。最后，用户研究侧重于长期考察用户与产品的互动，以衡量产品是否满足确定的需求以及是否可用。表 4-1 提供了有关用户研究如何更好地为创业公司服务的细节。

表 4-1　三种类型的用户研究

产品阶段	MVP	MVP 后	长期阶段
研究要回答的问题	验证一个概念 *它是什么?* *它值得深入研究吗?*	评估绩效 *人们使用它吗?* *有哪些需要改进的地方?* *我们能证明自己的假设吗?*	衡量随时间的变化 *产品有什么影响力?*

进行用户研究的第一步是确定目标受众的用户情况。他们在网上购物吗？他们有特定的兴趣吗？如果你的产品面向所有人，以至于无法通过潜在用户收集到他们的特征，那么说明你的产品仍不够全面。正如保罗·格雷厄姆建议的那样，用户研究的重点必须细化、深化。如果确实有一个细化且深化的目标市场，就使用已被定义的特征来筛选目标用户。

简而言之，用户测试可以像是给用户一个任务并看着他们完成一样简单。如果不同的用户反馈产品难以使用，我们就必须对其进行修复。关键在于要让人们反馈为什么产品难以使用，以及为什么他们会得出这样的结论。你甚至可以对竞品进行可用性分析，了解并学习是什么让它们更容易或更难使用。

4.3.2 数据科学

产品分析可以深入研判产品在一段时间内的成功程度。Google Analytics、Mixpanel 或 Intercom 等工具都非常适合用来分析用户行为并提供产品分析。通过设置这些工具，或使用自己开发的分析工具，可以让团队看到用户在点击什么、在哪里输入、从哪里离开。

然而，产品分析并不会告诉你这些追踪行为背后的原因。我们可以进行能力测试，通过匹配用户并模拟他们的使用体验，让研究人员有机会深入研究其中的原因。

追踪大量数据点可以使数据团队分析和揭露用户的行为模式。产品设计师应该专注于产品周期的每个阶段要实现的真正重要的指标，并通过数据科学家的专业知识验证，最后与产品经理和数据科学家一起商定可靠的指标。

洞察指标有助于用可衡量、可操作的目标框定设计过程。不过，这并不意味着可以忽略产品的可用性和用户体验。这意味着从一开始，设计就要考虑到产品的成功性。

4.4 本章小结

创意无论大小，只要有可取之处，并配以一个优秀的团队，就可以助其实现。产品设计师的职责是帮助创造一个舒适开放的环境，让每个人都能提出创意，并帮助产品经理从一开始就将产品受众保持在窄而深的范围内。随着创意成为现实，产品设计师应该深入了解 MVP、后 MVP 以及长期阶段的用户反馈。同时，产品设计师也必须确定并衡量每个阶段的指标。

第5章

设计是一项团队运动

如何在创业公司团队中工作

"设计"作为名词的定义如下:

设计是人们为了展示他们如何建造或制造某物而绘制出来的图画。[①]

这个定义对绝大多数设计工作都非常适合。本章会扩展该定义,重新对"设计"进行定义——该定义与在创业公司团队中进行产品开发相关。

20 年前,"产品设计"一词是面向实体产品设计所设立的专业术语,经常与"工业设计"一词互换使用,后者是指对大规模生产的产品进行造型和可用性的设计。

当互联网在 20 世纪末和 21 世纪初迎来爆发时,相关设计领域如网站

[①] *Collins English Dictionary*, s.v. "design."

的观感知设计同样引起了关注。万维网作为一种新的技术媒介和产品范式，迅速在全世界声名鹊起。伴随着万维网的发展和普及，关注可用性和用户体验的设计新领域开始涌现。从 2000 年代末到 2010 年代初，互联网和智能手机无处不在，用户体验(User Experience，UX)设计师变得十分抢手。

　　然而，随着商业和设计领域的共同发展，设计不仅需要确保良好的可用性、提供完美的网络体验，还需要解决与用户使用目标以及体验相关的商业问题，需要考虑问题如何适配商业情境。因此，除了关注用户体验，对商业的关注也催生出"产品设计"这一术语。

　　虽然许多大型企业仍将设计工作细分为用户体验、用户界面(User Interface，UI)、视觉设计、用户研究、原型制作等，但越来越多的公司正在将产品设计师的角色与其他人的角色合并。尤其是在创业公司中，设计师必须身兼数职。就性质而言，创业公司是跨学科、快速发展的企业实体。创业公司的核心包括产品经理(Product Manager，PM)、设计人员、工程师、产品市场经理(Product-Marketing Managers，PMM)、用户研究员和数据科学家，有时还包括项目/计划经理、客户关系专家以及法律和运营专家。

　　创业公司中的设计师必须能够与以上人员通力合作，通过获取他们的意见、反馈、见解和知识，用设计将他们凝聚起来，共同推进项目。如果将创业公司的产品开发流程比喻为一场接力赛，那么竞争对手只有自己，没有他人。接力棒在队员之间频繁地来回传递，队员间的紧密配合至关重要(见图 5-1)。

图 5-1　创业公司的团队合作像是一场接力赛

产品的成功与产品设计师所营造出来的良好工作关系密不可分。本章将介绍产品设计师如何在创业公司中构建催生创意的工作模式。

5.1　产品流程

从产品设计师的视角看，创业公司构建产品功能的典型流程如下：

(1) 团队成员明确产品市场以及目标客户的需求、目标和任务。

(2) 产品经理以上述洞察和数据为基础，制定并分发问题陈述。

(3) 跨职能团队对问题陈述文档给出反馈，实现对问题的校准。

(4) 产品经理为设计师和工程师撰写 MVP 特性叙述文档，明确产品的开发方向。

(5) 设计师根据该特性叙述文档绘制产品流程、产品线框图以及效果图，通过迭代的方法提出设计方案。

(6) 产品的利益相关者和产品开发团队评估设计方案和原型，提出反馈意见。

(7) 设计经过几轮迭代，通过研究过程中真实用户的反馈得以验证。

(8) 产品开发团队就合适的解决方案达成一致后，工程师开始着手实现产品。

(9) 数据科学家着手建立追踪获批产品的方式，同时产品营销人员和客户关系经理准备产品的推广计划和营销计划。

(10) 工程团队完成 MVP 的构建，并在真实市场环境中进行测试。

(11) 在几天、几周或几个月的时间内针对整个客户或用户群的一部分进行产品测试。

(12) 根据测试期间收集的数据，如果产品被验证能够实现最初的设计目标，该产品就会被推向现有客户或新客户群。

在整个产品开发过程中，产品设计师主要参与上述步骤中第(2)步至第(7)步的工作。设计师的贡献程度在第(2)步至第(4)步中不断增加，在第(5)

步时达到顶峰，在第(6)步和第(7)步时贡献水平保持不变，在第(8)步之后逐渐消失。

虽然这仅仅是产品开发的其中一种方式，但可以肯定的是，"合作"是创业公司中数字化产品开发的核心。一旦产品开发团队成立，产品经理、设计师、工程师和所有其他职能部门人员都必须学会相互合作。

5.2 如何与产品经理合作

在产品团队中，产品设计师与产品经理的关系最为密切。产品经理负责发现和明确应该解决的问题，以及客户需要完成的任务，从而确定产品项目。产品设计师将这些发现转化为产品的模型以及其他表现形式。

5.2.1 理解产品经理的工作

Facebook 的产品设计副总裁 Julie Zhuo[①]对"产品经理"的工作做了准确描述："产品经理的工作是成为团队中的连接器，帮助团队推出成功的产品。"产品经理应该在发现问题、解决问题以及完成工作时凝聚团队。其中，发现问题、解决问题的能力是关键。这世上有无穷多的问题，但很少有(有时甚至只有一个)产品经理能够帮助创业公司精准洞察问题。产品经理在确定问题的可行性时，以下几点非常重要：

1. 理解创业公司的使命、商业需求和目标
2. 明晰目标用户和待办任务
3. 理解限制因素(工程、组织等方面)
4. 能够与团队沟通以上三点

---

① Julie Zhuo, "How to Work with PMs," August 2013，详见链接[1]。

产品无法交付时会率先问责产品经理，因为产品经理的工作既需要明确问题和目标，又需要制定产品策略，确保设计顺利完成。在创业公司成立的早期阶段，通常只开发一款产品，对应一个产品经理，产品经理也有可能是企业创始人或早期员工，需具备良好的做事逻辑和清晰的沟通能力，包括口头和书面的沟通。

产品经理还需要具备与他人合作的能力。根据产品、行业和相关背景的不同，产品经理需要将自己置身于陌生环境，并与团队以及公司内外的各种职能部门打交道。产品经理要做许多说服性的工作，必须赢得团队的信任才能完成目标，因为他们通常没有权力或后勤调度能力雇佣个人团队。

5.2.2　理解你的工作

产品设计师需要理解自己的工作范围，才能与产品经理建立良好的关系。产品经理的职责是清晰地阐明产品所要实现的目标，而产品设计师的职责则是找到实现产品目标的方法。

缺乏经验的产品经理和产品设计师经常会将两者混淆。当然，设计、用户体验和用户界面的反馈可以来自任何地方，但这仅仅是反馈而已，产品设计师不应该把它们当作指令机械地完成。产品经理负责收集产品的限制因素和应用场景，并基于此提炼出产品需求及目标；设计师负责接收这些需求和相关建议，并在此基础上评估、迭代，进而设计界面和整个产品系统。

发掘需求、扩展客户有待完成的任务、细分市场、调研行业背景等工作，既不是产品设计师的职责，也不是他们的专长。虽然产品设计师应该参与这些过程，并且自由地分享对这些问题的见解、建议和评论，但是确定问题范围是产品经理的职责。

在工作关系的早期，设定与产品经理相同的期望，有助于避免日后的分歧。

以下还有一些方法能让设计师帮助产品经理完成工作。首先，产品设计师应立足于用户。这并不是说用户总是对的，或者说他们不愿意尝试新的东西，而是说产品设计师在直觉上对用户要更具同理心。如果产品经理以牺牲用户体验为代价，转向注重商业回报或者工程过程的解决方案，设计师的这种倾向便能引导设计重心重新落回到用户的目标和体验上。

其次，产品设计师必须学会将焦点扩展到用户之外，将对话从如何实现某事转移到为什么人们想要实现某事，并就商业目标询问产品的预期影响。假设我们的最终产品或功能完成了用户需要它做的工作，那么该产品在短期和长期内应该实现什么样的商业目标？

最后，产品设计师还可以通过平衡设计的优先级和完美性来帮助产品经理。在理想世界中，会有无限的时间确保每个问题都得到解决，但我们实际生活在现实世界中。因此，在项目初期，要尽快弄清约束条件和设计基准，例如用户体验的基准应该是什么。这将有助于塑造设计过程，在需要削减某些功能时，可以让功能优先级排序变得顺利，而不是令人痛苦。

与产品经理共同确定产品功能优先级的关键之一是影响及实施难易度[①]图表(见表5-1)。

表 5-1 影响和实施

影响	(4) 影响大，难以构建	(1) 影响大，容易构建
	(3) 影响小，难以构建	(2) 影响小，容易构建
	实施的难易度	

产品经理和工程师需做出权衡考虑，共同决定产品的功能如何适配每个象限。虽然第 1 象限中提到的必要条件(影响大和容易构建的功能)应被优先考虑，但第 2 象限和第 4 象限中的功能应该在每个项目的实际情境下被优先考虑。

---

① Adhithya Kumar,"A Designer's Guide to Working with Product Managers," UX Collective, February 23, 2017, 详见链接[2]。

5.2.3　处理与产品经理之间的分歧

虽然 MVP 是开发团队追求的最理想的产品形式，但不要让它阻碍产品的核心可用性和实用性。产品设计师应该清楚什么功能是真正重要的，并与团队再三确认即将交付的功能。

因此，在项目最初阶段，产品设计师就应将产品经理视为合作伙伴，与其建立开放的沟通渠道。产品经理应该听取产品设计师有关用户体验的建议，从商业和客户的角度阐述产品目标的重要性以及客户期望的时间线，提供令人信服的证据，而不是对产品应该是什么或应该是什么样子下达命令。从这个角度来看，产品经理的首要身份是问题管理者。

如果不能就如何合作达成一致，产品设计师应该考虑换一个尊重合作模式的产品经理。此外，还有一个因素是产品设计师应该格外注意的。

这个因素即是确定产品何时交付。其关键在于平衡所有要素，保证用户的最佳体验，以确保商业目标的实现，无论这些目标是为了推动一个指标还是证明一个假设。设计师需要理解商业目标，坚持与产品经理一起定义并完善产品设计。明确目标后，设计师应该绘制框架图以说明设计对实现目标的重要属性方面的作用。最初，可以采用投票的形式，在该情境下的利益相关者之间进行测试，之后再对真实用户和客户进行用户测试。

5.3　如何与工程师合作

没有工程师的参与，产品就无法被制造出来。与产品经理的合作方式不同，设计师需要通过以下方式与工程师进行合作：(a)清晰地阐释设计的内容，以确保工程师理解他们制造的产品；(b)提供工程师实施设计所需的数据资源。

5.3.1　理解他们的工作

在技术型创业公司中，工程师是让愿景或草图落地的人。如果没有获得工程师的认可，使设计真实、可靠、快速、流畅地呈现在设备视窗中，适应不同的语言及文化，并推送到数百万甚至数十亿的用户面前，那么你的设计再好也没用。

就像产品经理不应该把产品设计师视为"资源"一样，产品设计师也不应该把工程师视为"资源"。而要像对待合作伙伴一样帮助工程师理解你所观察到的问题。

5.3.2　了解一些编程

设计师首先要了解编程的基本原理。虽然设计师无需像工程师一样能够编写代码，但是要懂得用他们的语言进行交流，同他们建立同理心。

工程师负责研究如何避免代码中的逻辑重复，以及如何让他们的代码在产品上实现。设计师则负责考虑系统及模式，通过丰富的设计资源解释工作，以便工程师实现他们的设计。

比方说，设计师不需要知道如何编写 HTML、CSS 和 JavaScript 代码，但了解这些语言可以帮助设计师理解和认识到网页可能存在的局限性。这对设计师和工程师来说都省去了一些时间和精力，因为双方可以在同一领域、同一界面中界定哪些设计是平庸的、创新的或牵强的。

5.3.3　了解他们的制约因素

除了了解基本的技术约束，最好尽快让工程师参与设计，只要你所寻找的反馈是正确的。当涉及从未实现过的特定模式或交互时，最好与工程师进行沟通，看看需要多久才能实现，或者是否有实现的可能。

团队参与设计过程，可以得到阶段性反馈，从而解决技术问题，突破技术限制。在产品的开发初期，开发流程的一致性有助于扫除后端工程师的障碍，因为他们决定了产品如何在后台工作。顺着这个方式沟通下去，可以让工程师制定出有关技术难题的解决方案，推测可能的实现方法。

设计师需要积极主动地将设计方案的变化，以及在当前冲刺阶段需要被锁定的部分告诉工程师。产品的工程部分比设计部分更难返工，因为这会牵扯到系统的可扩展性、稳定性和本地化问题等。以建筑为例，最糟糕的情况便是当地基和墙壁已经打好后，却发现要进行其他改动，这样就必须将地基和墙壁全部重做。如果能及时调整最后期限或预算来适应这些变化，也许还没那么糟糕。但在现实中，这种情况很少见。所以，在与工程团队合作确定方案前，应尽可能多地对设计进行迭代。一旦确定了某项设计，就要交付给产品经理，由他对其负责。

5.3.4　再次，将他们引向用户

从事产品工作的每个人都乐于看到他们的工作惠及终端用户，工程师也不例外。每当他们看到自己所完成的工作成果顺利体现价值时，就会切实感受到设计的重要性，领悟到自己工作的基本原理和价值，而非盲目执行工作指令。

当产品经理忙于处理功能优先级、时间线和产品指标等事务时，设计师便有机会传达用户或客户的心声。

设计师应把用户测试的反馈用视频或音频这种简短、易理解的形式呈现出来。这样，任何人都可以迅速了解产品，看到其亮点和不足。有时，用户的反馈会起到激励作用，使产品大放异彩。

5.4　设计的超级力量

设计可以在短时间内使产品看起来是真实存在的。在任何组织中，如果应用得当，设计便可以将团队和利益相关者联系起来，激励人们在共享的环境和见解下一起工作。

每个人都能发表自己的意见

创意可以来自任何地方。然而，大多数创意到后期并没有得到完整发展，甚至没有超越最初的构想。因此，创意是脆弱的。

设计师能够在组织内与来自任何地方的人共同讨论创意。设计师具备"虚构"产品的能力，即能够绘制产品外观，并迅速构建产品原型。这与折纸大师根据真实的天鹅，通过折纸创造天鹅形象的行为如出一辙，如图 5-2 所示。设计师应将创意变成原型，进而实现创意。这样做会将相关的对话提升到一个更切实的层面，有利于发现每个人对创意的不同理解及差距。

图 5-2　纸天鹅可以视为一个原型

原型化的创意有助于设计团队提高认同感，产生有趣的观点，促进有意义的讨论，提出关于改进之处的合理期望。这体现了设计师在任何组织中都能做出实际贡献、创造积极改变的超能力。

5.5　本章小结

除了创建流程、图表、UI 和视觉效果，产品设计师的大部分工作是与产品经理和工程师合作，以便他们理解用户的目标和观点。产品设计师应该在产品开发过程中助力问题的定义与实施，确保产品在可用性和可行性上满足用户的需求。设计师应该通过原型设计使创意变得生动，从而让人们为新创意感到兴奋，将对话从抽象的想象转变为实际解决方案的评估。

第 6 章

设计就是
抢占优先权

创业公司指南

创业公司与知名公司产品设计师的职责范围有所不同。创业公司完美地诠释了"混乱"一词,即使是组织经营良好的创业公司也是如此。创业公司汇集了一群不确定能否成功,但是敢于尝试的人。这群人中,有些提供了资金(投资人),有些则提供了技术(创始人和员工)。

6.1 没有所谓的"正确时间"

对于大多数创业公司来说,产品路线图和战略处于不断制订的状态。没有人知道成功的秘诀,因此,没有人能确定做大多数事情的"正确时间"。

但这没有关系。

作为产品设计师，需要退一步思考商业、用户、用户情境和整个社会。与创始人和决策者合作时，设计师需要与用户共情，因为是用户定义了产品的价值主张。

行动引起行动。一旦创意达成一致，就要开始制作模型。接着，向五个人展示模型，观察他们的反应。这就是创业公司吸引人的地方：总有方法可以帮助设计师重塑产品、定义产品以及制定策略。有时，你甚至都不需要计划。产品设计师必须尽快使创意被确认。

领英创始人雷德·霍夫曼(Reid Hoffman)说过，建立一个创业公司就像在掉落悬崖的过程中组装一架飞机。[1]这种说法并不夸张。创业公司要用有限的资金证明创意，并用创意使企业正常运转。公司每个月的盈利有很大一部分需要用来维持公司的运转，如支付员工工资、供应商费用和日常运营费用。由于公司团队难以准确预测市场，因此创业公司常常几个月内都无法实现盈利。

这就是为什么时间如此重要。在创业公司中，设计师往往是研究者。设计师应该意识到，快速和优秀不是相悖的，优秀不代表完美，而意味着一切"足够好"。正如第4章中强调的MVP示例所述——要先造滑板，再造滑板车，最后才是自行车。

因此，只有做出正确的取舍，使利益最大化，才能获得"足够好"的设计。

如果一个产品一直停留在MVP阶段，便说明产品的主要功能尚未得到客户认可，应该优先考虑主要功能的实现，而那些"有则更好"的功能应该被延后。

具体来说，每个设计决策都应该经过验证，可以是对产品的目标用户进行快速测试，也可以是对产品的用户群体进行更加正式的用户研究。不要害怕接触客户，让你的第一批用户试用产品，询问他们对产品的看法。这种调研一般没有我们想象的那么耗时，而且从用户中得到的反馈结果往

---

① Reid Hoffman, "How to Be a Great Founder with Reid Hoffman (How to Start a Startup 2014: Lecture 13)," Y Combinator, YouTube video, 49:57, filmed 2014, posted April 2017，详见链接[1]。

往很有价值。

　　创业公司和知名大企业之间最核心的差别是两者应对变化的速度。能够快速适应并发展，是所有伟大创业公司和产品设计师的标志。这种能力指可以从容对待产品路线和设计结果的不确定性。变化不可避免，与其与之抗争，不如主动适应、灵活应变、不断学习并超越。

6.2　唯一重要的指标

　　风险投资人乔希·埃尔曼(Josh Elman)曾是一名经验丰富的产品经理。他认为，当谈到每个新功能和每个需要构建的新流程时，产品开发人员应该问的只有一个关键问题："有多少人在真正使用你的产品？"[1]

　　埃尔曼指出，大多数模糊的数据，如页面浏览量和每月活跃用户数等，并没有透露多少信息。重要的是谁在真正使用该产品？这个问题的答案应该以"x 个用户在这个时间范围内做了这些事情"的形式来回答。以搜索引擎产品为例，答案应是"100 个用户在过去 15 天内执行了三次或更多次搜索"。

　　埃尔曼从社会产品的角度出发，关注产品的增长。他的主张适用于所有产品：一个产品应该有一个可测量的、结合情境的清晰目的，该目的有助于实现长期目标。推特的使命是"让每个人都能轻松自如地即时创造和分享想法与信息"。通过研究人们在一段时间内如何使用推特，埃尔曼发现，为了提高用户粘性，新用户要在一个月内至少访问推特七次，其坚持使用推特的可能性才会大大增加。[2]

　　处理此问题的产品团队提出了一个新目标，即每月访问七次的指标，并设计了一些为新用户提供足够价值的方法，使他们每月至少访问七次。

---

[1] Josh Elman, "How to Work with PMs," Greylock Partners, June 2015，详见链接[2]。
[2] Ibid。

坦率地说，很多指标都能够以敏锐而精确的方式指示功能的健康状况和情境。对于大型公司来说，指标的数量可能大相径庭，而且每一项都可能具有重要意义。

然而，创业公司完全不同。创业公司产品团队必须有意忽略很多指标，因为机会成本实在太高了，只有关键指标是真正重要的。创业公司不像大公司那样有足够的时间和资源从多个角度解决问题。

指标不一定要像埃尔曼的例子那样详细，但要有具体情境。人们真的在使用你的产品吗？这就是我们要解决的问题。产品团队可以利用它来了解如何帮助产品增加价值，使购买和使用产品的消费者受益。

和产品经理共同明确指标可以熟悉短期和长期设计目标。了解指标有助于精简目标及拟定设计决策。至少，同产品经理对话有助于对先前存在的假设进行发现与评估。

6.3　应用 80/20 法则

80/20 法则是指在一个大系统中，80%的产出源于 20%的输入(见图 6-1)。无论在经济、交通还是人类行为习惯中，这种模式都很常见。举例如下：

(1) 80%的车辆行驶在 20%的道路上

(2) 80%的公司收入来自 20%的客户

(3) 80%的产品体验来自 20%的用户界面

这种模式也被称为"帕累托原理"，是一种表示幂律分布的经验法则。该法则有助于我们对问题的重要性进行排序，使我们专注于产品的目标，部署有限的时间和资源，在每个阶段发现并解决最重要的问题。

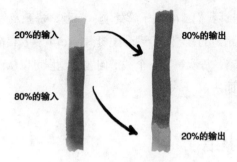

图 6-1　80/20 法则

　　这使我想起了"田忌赛马"这个成语。该成语源自战国时期(公元前475—公元前 221 年)的一位将军。尽管他的马跑得很慢，但他还是赢得了一场三局两胜的赛马比赛。

　　田忌将军在赛前收集了有关对手齐威王马匹的情报，在比赛之日他将自己最好的马与对手的中等马相配，中等马与对手最弱的马相配(见图 6-2)。结果是田忌在两场比赛中都以微弱优势战胜了对手。尽管他最弱的一匹马输给了对手最强的马，但他最终仍以三局两胜一负获胜。

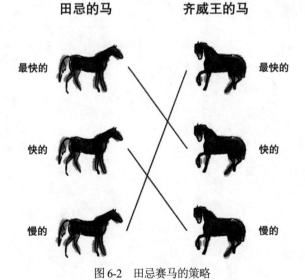

图 6-2　田忌赛马的策略

80/20 法则告诉我们：(a)要了解处境、问题、资源及限制因素；(b)明确让你花费 20%精力的领域，合理分配资源；(c)重复收集情报的过程并为下一阶段制定策略。每次解决一个关键问题的过程可以从商业策略一直延伸到单个用户界面决策。

6.4　本章小结

鉴于创业公司的特性，产品设计师必须要有很强的执行力。此外，设计师应与产品经理、工程师和数据科学家合作，找到对产品真正重要的指标。策略上，设计师应理解并运用 80/20 法则，以确定优先级并做出正确的决策。

第7章

规模设计

从四个角度

　　"规模"这个词在技术领域表示多重含义。从工程角度而言，"规模"指引导产品和服务的流程与方法，可以帮助产品和服务处理突然出现的复杂系统问题、用户请求和其他行为。随着公司"规模"的扩大，"规模"能保持产品完美无缺地稳定运行。

　　规模已经成为创业者和投资者在讨论创业公司成长时经常使用的一个词。一般来说，规模指的是有意识地去发展某物。无论是用户数量、收入金额、利润率还是产品覆盖的区域，都完全取决于公司所处的环境。

　　从这个意义上说，规模化一个产品意味着适应突然的增长，主要体现在以下方面：用户使用；本地化和支持的市场及语言的数量；产品内部运行的复杂性；新旧功能的深度与广度。

　　创业公司的产品设计师应该领会"规模"一词的以下三层内涵：

　　(1) 设计要进行权衡取舍，但这并不意味着设计应该是精英化的或局限性的。良好的设计应该是平等的，能让尽可能多的人受益。

　　(2) 扩大产品规模时不可以将产品美学或产品用户界面与产品本身

混淆。

(3) 设计永远要考虑未来。与其创建一个又一个功能，不如创建可以帮助每个人适应变化的系统和流程。设计要为产品赋予内在力量。

7.1 爱上问题

成长过程中难免会遇到问题。

许多昆虫都会经历蜕皮的过程——随着昆虫的不断长大，旧的外骨骼会周期性脱落。人类在青春期也会经历一段伴随着尴尬变化的快速成长期。

创业公司也不例外。有时，前进的唯一方式是抛弃旧的协议、做事方式，甚至技术架构。有时，扩大规模意味着需要处理公司成长过程中产生的各种问题。

设计师应该从用户研究员和数据科学家那里收集信息，帮助产品经理、工程师和营销人员从人类经验和产品潜力的角度理解不断成长的产品所面临的日益复杂的问题。

首先要提出问题。例如，随着产品规模的扩大，客户的体验会受到怎样的影响？在这种体验中，最积极和最消极的感受是什么？如何平衡个人客户和广大用户的体验？它们是积极的、消极的还是处于两者之间？这些都是设计师必须要提出的问题。这些问题有助于团队意识到与复杂性增强相关的用户体验风险，并消除用户体验盲点。

除了这些问题，设计师还应该带领产品团队规划产品蓝图，方法是与产品和工程负责人合作，由产品负责人提供公司的整体战略和路线，由工程负责人阐明技术前景的可能。与这些负责人进行对话并形成共识，有助于设计师创建人工产品(如模型和原型)，从而在产品规模扩大时展示产品潜力。

展示这些人工产品有助于团结创业公司团队，确保公司成员并非盲目扩大产品规模和增加产品复杂度，而是怀着共同的目标。正如第6章所述，设计师必须具备快速创建模型和原型的能力，从而能够明确思路并带领团队前进。

有句老话说，优秀的设计师会爱上解决方案，伟大的设计师会爱上问题。虽然规模的扩大是件好事，但它应该是你的产品解决人们问题的衍生品。

扩大规模时，创业公司的设计师最重要的作用是提醒同事不要忽视为人们解决问题。问题越复杂，设计师就越应该在项目中投入更多精力。团队里的其他成员会受设计师的影响，逐渐接受为人们解决问题的观点，从而瞄准目标，努力扩大产品的积极影响。

7.2 让尽可能多的人受益

人们的记忆、性格不同，看待问题的角度也不同。然而，为了扩大产品规模，设计师应该关注人们的相似性，认识到人性赋予了人们相似的欲望。在第 8 章中，我将介绍一些与人性有关的通用设计原则。设计师应该了解这些原则，以便设计出易用的产品。

为无障碍而设计

据说，世界上每七人中就有一人患有某种残疾。残疾可能源于先天、衰老、事故或健康状况。有一些是暂时"残疾"的人，例如怀孕导致行动受限，或手腕骨折致手部活动不便的人。还有一些是长期"残疾"的人，例如患有视力障碍、听力障碍、色盲以及脊柱和四肢有损伤的人。

这是一个与产品规模密切相关的话题。产品应该帮助和造福人类，并尽可能影响深远。为了实现这一点，设计师必须将无障碍作为用户体验的一部分。

根据美国疾病控制和预防中心[1](Centers for Disease Control and

---

[1] Centers for Disease Control and Prevention, "Disability and Health," August 1, 2017，详见链接[1]。

Prevention，CDC)，任何在以下活动中遇到困难的人都可以被视为患有残疾：

1. 视力
2. 行动
3. 思考
4. 记忆
5. 学习
6. 沟通
7. 听力
8. 心理健康
9. 社会关系

通过严谨的查证发现，即使是"障碍"和"损伤"这两个词也暗示着异常，需要对个人的这些方面进行修复。虽然这种观点可能有助于医疗从业者为患者治疗疾病、减轻疼痛和增强身体机能，但我们的社会不一定要采纳。实际上，我们生存的人类环境并不是为每个人平等创造的。

相反，设计师应该帮助社会建立一种心态，认识到残疾人在其所面临的环境、旁人的态度和其他社会因素等方面遇到的困难与挑战。设计师应该倡导为所有人消除障碍，提高人们的生活质量。这是创造无障碍产品的基本目标，也是设计的必要组成部分。

我们必须创造具有无障碍性和包容性的设计，理由源于以下两种趋势。一种趋势是，世界上发达国家的人的寿命都更长了。因此，年龄导致的残疾有所增加，例如视力、听力和行为能力的下降。新兴市场开发的产品正在将信息反馈给发达市场。另一种趋势是，随着产品数字化，产品对物质世界的依赖性降低，人们有更多机会参与不受物质限制的活动。

网页内容可访问性指南(Web Content Accessibility Guidelines，WCAG)[①]由无障碍网页倡议(Web Accessibility Initiative)创建，该指南是万维网联盟的一个项目。万维网联盟是一个为不断发展的网页建立标准的组织和社区。

---

① W3C Web Accessibility Initiative, "Web Content Accessibility Guidelines (WCAG)Overview," July 2005, updated June 2018，详见链接[2]。

WCAG 的原则既适用于网页，也适用于产品。WCAG 提倡以下四种主要思想。

1. 可感知
2. 可操作
3. 可理解
4. 稳健性

将这四种主要思想的英文单词的首字母组合在一起，就形成了缩略词"POUR"。交互设计基金会的作家和用户体验顾问 Ruby Zheng[①]引用了 TED 演讲视频、苹果 iOS 辅助触控系统、推特错误信息和响应式网页设计的例子描述了 POUR 原则。

对于"可感知"原则，Zheng 指出，每个 TED 演讲视频的下面都包含一个文字脚本，通常有多种语言版本，这让有听力障碍的人可以了解每一次谈话。如图 7-1 所示，多种语言的可用性扩大了 TED 视频的覆盖面。

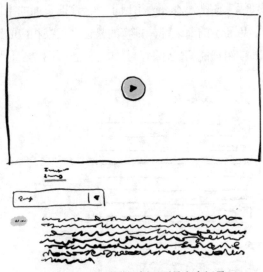

图 7-1　TED 演讲视频下面是文字记录

① Ruby Zheng, "Understand the Social Needs for Accessibility in UX Design," The Interaction Design Foundation, January 2018，详见链接[3]。

对于"可操作"原则，Zheng 列举了苹果公司为用户提供不需要手动按键的导航方式的例子，如图 7-2 所示。

图 7-2　iOS 辅助触控系统

对于"可理解"原则，Zheng 引用了推特注册页面的错误验证消息的例子，以说明信息显示的简易性。推特的验证消息在相应的输入栏右侧显示为红色，从而使用户能够快速明白并纠正问题。图 7-3 是推特如何实现这一点的示例。

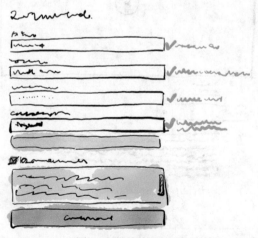

图 7-3　推特输入验证

"稳健性"原则是指内容适应各种设备的屏幕尺寸。Zheng 认为响应式网页设计的出现是一个良好的开端，即设计师和开发人员不受设备的限制，就能开发易于访问的网站。图 7-4 展示了响应式网页设计的概念。

图 7-4　响应式网页设计

这些例子告诉我们，虽然无障碍设计形式多样，但是设计师应该了解每种情况和环境，应用 POUR 原则，产出尽可能具有包容性和无障碍性的设计。

■ **注意**：如果你正在构建基于网页的产品，并希望深入了解无障碍设计的技术和原则，请查看 Jesse Hausler 在 Salesforce UX 博客上的文章[①]"7 Things Every Designer Needs to Know about Accessibility"。这篇文章很好地总结了为网页设计无障碍界面的基础知识。

7.3　不要迷失在美学中

除了没有关注要解决的问题，以及没有从一开始就为包容性而设计，

[①] Jesse Hausler, "7 Things Every Designer Needs to Know about Accessibility," Salesforce UX, April 15, 2015, 详见链接[4]。

设计师还可能面临的另一个陷阱是将产品的美学与产品本身相混淆。

这是各个经验水平的设计师都可能遇到的问题。造成这种情况的根本原因，也许与人类和数字产品交互的大多数界面都基于视觉这一事实有关。大多数产品设计师要么是从视觉或平面设计师开始他们的职业生涯，要么只是对他们在视觉方面的工作有特殊的喜好。

我们多次见过看似惊艳但实际上并不能帮助和造福人类的产品。Intercom 是一个为公司挖掘客户并服务的平台，该公司产品部副总裁 Paul Adams[①]创造的"the dribbblisation of design"这个术语描述了这种现象。

Dribbble 是一个邀请制网站，视觉设计师可以在该网站上发布他们的作品，并与其他设计师进行讨论。这些帖子通常为 800×600 像素，涵盖平面设计、插图、UI 设计、草图和动态设计(通过 GIF 文件展示)。

Adams 讨论了他在 Facebook 和 Intercom 担任产品设计师招聘经理时遇到的问题。他注意到，"太多设计师的设计是为了给同行留下深刻印象，而不是解决实际的商业问题。"Adams 指出，那些看似漂亮的应用程序和软件正在激增，它们看起来和感觉起来都一样，因为它们都采用了同样的风格，但并没有解决人们所面临的问题。

在 Dribbble 上发布的数百个天气应用程序、仪表板、电商网站和营销页面设计中，有多少是真正可用和有用的？答案是极少。

这些声称融入了 POUR 价值观的设计，大多数都落入了将产品美学与产品本身相混淆的陷阱。这些产品不应作为实际产品进行评估。如果这种现象只存在于 Dribbble 等网站，那也无可厚非。问题在于，设计师已将这些模型视为范例，更糟糕的是，他们在自己的工作中也这么做。

很多时候，设计师都在潜心创造一些看起来和感觉上都很美的东西。但是，美丽从来都不应该成为设计师的目标。创业公司的设计师首先要确保产品能够满足客户和用户的需求，并以此作为贯穿始终的目标。但在现实中，仅此一项就很难实现。设计师应该意识到，制作漂亮或华而不实的

---

① Paul Adams, "The Dribbblisation of Design," Inside Intercom, May 21, 2018，详见链接[5]。

东西与产品价值无关。

相反，应该问问人们为什么要使用这个产品，他们真正关心的是什么。尽管乔布斯不是设计师，但当他被问及什么是设计时，他非常简洁地总结了这一点。[①]

设计是一个非常有欺骗性的词……我们实际上只是在谈论事物是如何工作的。而大多数人认为设计就是产品的外观，但设计不是产品的外观，而是产品的工作方式。

设计就是要创作出能顺利工作的产品。这并不意味着设计不重要。然而，只要设计不降低产品的价值，"足够好"有时就意味着完美。

当设计师过于夸大他们的职业技能时，他们往往无法理解产品的真正价值。以下就是一个因混淆美学与产品本身而导致严重后果的案例。

2010 年代中期，一家快速发展的社交媒体创业公司为印度次大陆国家推出了新版本的产品。这一版本的产品在开发和推广上花费了数千万美元，在新品发布前引起了相当大的轰动。

然而，几个月后，结果令人沮丧。用户留下了一堆一星评论，许多人在几周后弃用了该产品。最后，该公司不得不放弃新版本，转而使用旧版本。即便如此，还是流失了一批用户。

这个毁灭性的商业损失使该公司在原市场的发展倒退了数年。用户不喜欢新版本是因为它的运行速度太慢了。产品的初始加载时间比以往还长，应用程序运行迟缓，有时甚至会降低设备操作系统的速度。

怎么会这样呢？原来，新版本的设计者想创建最流畅的应用切换和动画。的确，他们做到了。在工程师的全力配合下，该团队创建出了最精美的过渡动画，这让任何设计师都兴奋不已。然而，他们忽略了两件重要的事情。

---

① Steve Jobs, "Apple['s] Steve Jobs on Design," Dirk Beveridge, YouTube video, 02:05, posted October 16, 2010, 详见链接[6]。

首先，由于这种过渡很难构建，工程师不得不依赖于最新移动硬件的处理能力。其次，该设计假定应用程序一打开就可以加载数据。

实际上，该公司在印度的用户没有最新的移动硬件和软件。大多数用户的手机都使用了一年以上，操作系统的大多数版本都落后于最新版本。许多用户也没有 4G 或 3G 连接，这意味着他们无法按照新版本的要求预先下载数据。

这两个因素导致该产品提供了一种延迟的，甚至没有响应的使用体验，从而引发了大肆宣传后的巨大失望，以及与产品旧版本(尽管老旧，但仍能运行的版本)相比的巨大倒退。

工程和质量保证(Quality Assurance，QA)团队在这一重大事故中负有责任。他们应该在所有设备上对产品进行严格测试，并注意到新版本在旧设备上运行会存在性能不佳的问题。然而，更大的过错在于产品设计师，他们应该研究市场并了解设计的用户画像。

用户画像是经设计师和研究人员深入研究后创建的角色，代表以典型方式使用产品的人。用户画像并不反映用户特征和偏好的平均值，而是代表产品的真实用户。设计师通过用户画像，实现对目标市场和受众的共情与洞察。

在设计新产品时，这项工作要么缺失，要么被忽视，从而导致用户的体验被遗忘，产品在市场中的发展被阻断。

这是一个代价高昂的错误，但大大小小的创业公司仍在犯类似的错误。作为设计师，我们应该确保这类错误不再发生。

7.4　系统和流程

在云南省 2300～2700 米的山脉顶端，矗立着数十台大型风力涡轮机。每个涡轮机高达 80 米，叶片长达 52.4 米，重 80 吨。如图 7-5 所示，强风毫不费力地转动着涡轮叶片，产生起伏的电力。这是一种有利于周边城镇和社区的清洁能源，不会破坏茂盛的自然环境。

图 7-5　云南山脉上的大型风力涡轮机

千里之外，在一个不知名的欧洲城市，一个小女孩凝视着苹果商店内的一台 MacBook Air。她毫不费力地打开屏幕盖，看到黑色的屏幕亮了起来。听到妈妈叫她过去，她走开了，将 MacBook Air 留在了桌子上，如图 7-6 所示。

图 7-6　一台 MacBook Air

这些在尺寸和功能上完全不同的机器的共同点在于，它们都是复杂系统和流程的设计结果。

下面解释原因。多年前，我看过一部关于设计的纪录片，名为Objectified(《设计面面观》)。[①]其中，苹果公司的首席设计师乔纳森·埃维(Jonathan Ive)的一段话令我印象深刻。

像 MacBook Air 这样的产品，背后的大部分努力都花在了为不同的系统流程做测试，这种测试在你注意不到的方方面面。在不同阶段，我们会用不同系列的夹具来固定某个部分。我们当初设计这些夹具就花了不少时间。这方面的设计并非是设计一个物理的东西，而是要弄清楚一个流程。

埃维说这段话时若有所思。他拿起面前的不同铝材，每张铝材都展示了加工过程的不同阶段，最终形成了承载 MacBook Air 主体的部件，如图7-7 所示。

图 7-7　MacBook Air 铝制一体式机身

在此我想表明的是，为了创造出真正创新的产品，设计师不仅要考虑用户，还必须发明使产品变成现实的流程和系统。

在风力涡轮机的例子中，制造、运输和组装部件的流程使项目成为现实。由于每个零件的尺寸都很大，因此还必须设计和改装专门的卡车和设备，以将零件运送到山顶的施工现场。这些卡车运载的涡轮叶片长度是自身长度的七倍以上。因此，为了将这些叶片运上山，叶片必须朝上放置并且可旋转。这样，在卡车行驶时，巨大的叶片才能避免撞到山路上的树木。

---

① Jonathan Ive, "Objectified," PromaisMacnews, 05:50, filmed 2008, posted November 8, 2009，详见链接[7]。

图 7-8 展示了叶片的长度。

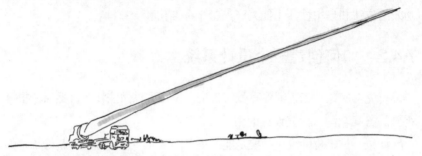

图 7-8 运送大型风力涡轮机叶片的特种卡车在云南省的山路上行驶

这两个例子表明，创业公司的设计师需要顾全大局，应考虑团队中其他成员、合作方和利益相关者所要求的系统和流程，以使产品得以实现。这就是创新的定义。但通常情况是，设计师没有现成的流程和系统，甚至没有加工工具可以用来轻松制作创新产品。设计师在大部分工作中都应该充分考虑到这一点。

7.4.1 设计师及工程师系统

作为创业公司的设计师，工程师们会在想要理解设计的执行方式，或者遇到了落地方面的困难时与你频繁确认。

有时，可能会有其他设计师在做的产品部分恰巧能够填补你的工作空缺。这时，就是你召集团队，想出设计系统的恰当时机。

设计从业人员会详细区分设计系统、模式库和风格指南之间的差异。抛开语义不谈，团队需要的是一个共享的准则，使不同利益方在设计和实现新的和现有的功能时能达成共识。

设计系统通常包含模板、样式、组件，以及使用它们的准则。作为一份动态文件，它的变更必须经过大多数人同意，然后公开通报，以确保必要时对现有产品进行恰当的更新。

这个系统为设计、开发和实现产品的创业公司团队提供了合理的参考。

一个良好的设计系统有助于为设计和工程团队带来清晰的思维能力、提高功效的方法和自主性，也能为产品带来标准化和一致性。

7.4.2 如何创建一个设计系统

首先，应该与工程师促膝长谈，询问设计可以做些什么。然后，根据得到的答案，深入探究设计的用处。

如果一位工程师说，她要是能有更多的时间与设计师面谈就好了，你应该追问为什么，是不是因为给工程师看的设计不完整？还是因为没有足够的准则和文件来解释如何实现这些设计？总之，要尽量把事情弄清楚。

接着，问问自己，正在做的工作是否可以模板化、模块化或自动化。团队是否正在创建和重新创建每个项目？经过仔细探究后，列出可以从使用模板的简单行为中受益的任务清单。

典型的设计系统如图 7-9 所示。

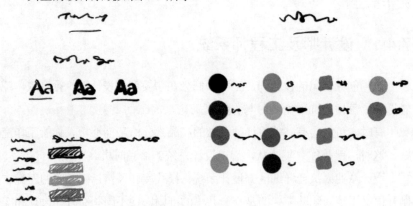

图 7-9　设计系统

如果产品包含一个主要的视觉用户界面，那么应考虑是否存在以下方面的规则：

- 文案、风格和基调
- 排版

- 间距和网格
- 颜色
- 图示
- 插图
- 摄影
- 动态和动画

不要为了设计系统而设计系统，以免导致系统不适用。记住：这些模板需要结合实情使用，以帮助用户。你的设计应该符合用户的目标、需求和实际情境，并让你的设计指导你的系统。

随着时间的推移，当相同的设计被反复转换为代码时，建议工程师也将他们编写的代码按照设计系统的规范进行模块化。这样，设计系统就能真正成为一个栩栩如生的实体，可以极大地提高工程效率。

7.4.3　何时决定是否使用设计系统

有了设计系统，设计师就不会浪费时间做无益于用户的事情。如果产品中的按钮通过了验证，则没有必要重新设计新的按钮(除非你从事设计按钮的工作，并且想让你的客户可以从更新的和更具创新性的按钮中受益)。对于司空见惯且有用的、可用的功能，应该采用设计样式，以加快设计师和工程师的工作流程。

然而，不要过于依赖设计系统。它们不应该成为设计师懒惰的借口，也不应该被设计系统中的内容所限制，成为千篇一律的解决方案。设计师要使用批判性思维来分析用户在每个阶段的需求。在设计的初期，不妨忘记设计系统，而首先考虑理想的解决方案，然后让对新系统和流程的需求随着时间的推移而出现。

7.5　本章小结

　　将产品规模化对创业公司的产品设计师来说或许很难，因为其中涉及很多陷阱和隐患。设计师需要热衷于为用户解决问题，同时应避免将美学与设计本身混淆。设计师还要使团队时刻保持头脑冷静。此外，设计师在扩大产品规模时要进行无障碍和包容性设计，确保产品让尽可能多的人受益。最重要的是，要想真正设计出一款打破常规的产品，设计师必须考虑能让产品得以实现的(新)系统和流程。

第 8 章

心理学、文化和设计

人类心理和社会是所有
产品设计师都应该思考的事情

 产品设计需要理解人们及人们的需求、期望、挑战和痛点，并通过创造的产品加以解决。设计师需要明白是什么使人类成为真正意义上的人——我们的思想、情感、心智——是什么让我们心动，又是什么在激励着我们。

 人们总会以意料之外的方式来使用产品，产品理应使人类能够以各种方式完成任务。因此，理解人类并不意味着我们可以或应该预测他们的行为。

 设计师要了解人类的情感、行为和动机，考虑到尽可能多的用户情况。但是，这不代表设计师要表现出家长式的行为，从而设计出矫揉造作、碍手碍脚的东西，不给用户诠释与应用的空间。过于包办和过于放手之间存在着一种微妙的平衡，这种平衡暗含着设计目标。

 设计师应该创造出能够解决实际情况、适应用户情境变化的产品。在本章中，我将通过讨论设计心理学的普遍原则、理论和概念，帮助设计师设计出更加人性化的产品。

8.1 视觉感知

视觉感知是人们认识新产品的第一种也是最常见的一种方式。有人说,我们的大脑有一半时间是在观察和理解我们所看到的东西。本节将介绍我们如何看待和理解事物。

8.1.1 功能可见性

功能可见性指人们会基于事物的外观,对它的使用方式产生预期。例如,一个咖啡杯有一个手柄,人们通过把手指蜷缩在手柄圈内将它拿起,如图 8-1 所示。

图 8-1　咖啡杯或茶杯的把手是功能可见性的一个常见例子

当人们看到这些可见的功能时,自然会理解各种关系。然而,正如唐·诺曼(Don Norman)[①]在 *The Design of Everyday Things*(《日常事物的设

---

① Donald A. Norman, *The Design of Everyday Things*(New York: Basic Books, 2013)。

计》)一书中所说，功能可见性经常会受到抵制与挑战，这是由那些糟糕的设计导致的。那些设计从未考虑感知到的功能可见性。

诺曼举了一个著名的例子：一个门把手，用户去拉它时，却发现这个门需要推一下才能打开。因此，这扇门上需要贴上一个"推"的标识。不过，即使有了这个标识，大多数人一开始还是会拉把手，如图 8-2 所示。

图 8-2　两种门的设计，具有截然不同的功能可见性

设计数字产品时，功能可见性是指根据屏幕上呈现的视觉线索产生正确的预期。更具体而言，交互元素应该看起来具有关联性，如拟物化设计。

根据交互设计基金会的说法，[①]"拟物化"是图形用户界面设计中的常用术语，用于描述模仿实物及用户与实物交互方式的界面对象，例如，用于存放丢弃文件的回收站图标。拟物化通过使用用户能够识别的概念，让用户熟悉界面对象。

再比如数字按钮的设计。这些按钮类似于现实中的按钮，具有高光、阴影和颜色。按下按钮时，它们会模仿物理按钮被按下时的视觉效果，改变高光、阴影和填充颜色。

---

① Interaction Design Foundation, "What Is Skeuomorphism?" 详见链接[1]。

对于设计师来说，引导用户行动的关键是理解并运用功能可见性。

8.1.2　格式塔

格式塔在心理学和视觉设计领域中的意思是"一个统一的整体"。格式塔是关于人类如何将视觉对象组合起来以理解周围世界的理论。有六个主要原则支撑着格式塔的概念：接近性、相似性、连续性、封闭性，以及图形和背景。

接近性可以解释为：离得更近的物体被认为是组合在一起的，例如插图和标题的定位。无论在网站上还是在印刷品上，即使这些物体是相同的，仅靠接近性也能创建非常明显的分组，如图 8-3 所示。

图 8-3　两簇方框形成两组

相似性指人类倾向于将外观相似的物体放在一起，以及人类辨别重复形状的能力。如图 8-4 所示，虽然物体在水平和垂直轴上间隔均匀，而且颜色相同，但是，人们通常会将同行物体视为一组。

图 8-4　物体按相似性分组

　　连续性是指从一个物体到另一个物体的可感知延续性。当我们的视线从一个元素移到另一个元素时，我们会遵循阻力最小的路径。例如隐含的线条，这些线条并不存在，却由于连续性而被想象为存在，如图 8-5 所示。

图 8-5　线条不一定是连续的

　　封闭性与连续性的概念相似，我们的大脑根据附近物体所创造的空间来完成一个形状或轮廓。顾名思义，我们的大脑通过把空间连接在一起来创造封闭性。如图 8-6 所示，连续性和接近性都会影响封闭性。

图 8-6   在空间中形成一个方形的形状

图形和背景是指我们的眼睛将一个元素或一个物体从其周围的环境或空间中区分出来的方式。图形和背景之间是空间性的关系。通常，人们认为图形有形状，而背景没有。如图 8-7 所示，黑色的点被认为是图形，而周围的白色则是背景。

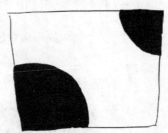

图 8-7   黑点作为前景出现

8.2　理解力和记忆力

阅读和理解是有区别的。读者所处的环境对理解和记忆有着很大的影响。阅读既不能保证理解，也不能保证记忆。

其次，记忆总是模糊的。要想记住信息，人们必须积极主动地回想。每次我们把记忆带回脑海时，都会重建记忆。相比于强行记忆，给人们提示能让他们更容易回忆起信息。

记忆会随着时间的推移而消逝。因此，在设计时，我们不应该依赖人们记住的东西，而应该预料到某些信息何时会变得相关，并及时将其呈现给用户，为他们构建查找信息的简单方法。

8.2.1　渐进式呈现

渐进式呈现指一段时间内只提供最相关的信息。它需要将一大块信息分成多层并分别呈现，通常按顺序排列。

我们以奥斯卡健康公司的注册流程为例。这是一家新型的健康保险公司。奥斯卡健康不会在一个页面上显示十几个问题，因为这会让用户不知所措。奥斯卡健康一次只显示一个问题，让用户专注于回答每一个问题，不被总共有多少问题而分散注意力。

当用户必须经过复杂的步骤才能完成任务时，设计师应该采用渐进式呈现来引导用户。

8.2.2　心智模型

心智模型指人们头脑中基于过去的经验而产生的系统和对象的表征。人们可以在头脑中形成系统和对象如何工作及如何与它们交互的模式。以在线订阅和移动服务的出现为例，报纸和杂志的订阅模式是通过定期支付重复的费用来获取出版物。早在 21 世纪初，销售软件的主要模式基于硬拷贝，这就意味着每套软件都是以 CD 或硬件包的形式进行买卖，由买方从商店带回家或由卖方邮寄给买方。

随着互联网的出现，购买和销售逐渐转移到网上，软件可以下载到买家的电脑中。然而，许多公司逐渐摆脱了这种模式，将自己的软件作为一种服务(Software as a Service，SaaS)提供，允许用户订阅他们的软件产品，就像用户订阅杂志和报纸一样。

"订阅"一词的使用帮助人们在头脑中建立了这种清晰的心智模型。用户由此知道这个系统的运作方式：他们通过每月或每年支付费用换取对软件的使用权，就像自己拥有这款软件一样。

　　在出版行业，订阅杂志的行为意味着打电话或发邮件给杂志的销售办公室，询问订阅要求、支付方式和邮寄地址。目前，尚不清楚这种新型的在线订阅交互模式在出版行业将如何运作。因此，设计师的工作就是创造易于用户学习的新交互方式，并在旧的心智模型和新的系统模型之间架起桥梁。

　　通过引导新的交互方式，将旧的心智模型连接到新系统，可以创建新的心智模型。如今，"在线订阅"已经成为一个成熟的心智模型。

8.2.3　隐喻、例子和故事

　　心智模型和功能可见性可被认为是隐喻。两者都是将一组期望转移到另一种类似的情况中，引导用户凭借以前的经验来理解新情况。

　　使用例子是传播主题思想的有效方式。包含复杂过程的产品通常都会在学习教程中给出大量的演示或用例去说明。例如像汽车和大型机械这样复杂且昂贵的产品，常常会有真实的演示或样品，或有完整的培训视频，视频中会向用户展示如何使用产品。

　　隐喻和例子假定人们对信息感兴趣。然而，在潜意识层面上传达信息的最佳方式是通过故事。在没有文字之前，人类通过将故事记忆成押韵的诗句中来传递。这是知识传递的原始方式。我们的注意力本能地被吸引到故事上，这就是故事在传达信息方面如此强大的原因。

　　在产品设计中，故事不仅可以使信息变得有趣，还能使人们获得长期的理解与记忆。

　　故事有多种形式。它可以是口头的、视觉的、文字的，也可以用声音和动态图像来叙述。然而，无论是何种形式，故事总会涉及以下几个方面：

- 背景
- 人物
- 情节

- 情绪

背景为故事阐述时间和地点；角色通过提供主角和对手及其关系，使故事具有相关性；情节推动故事发展，将人物和背景联系在一起；情绪是故事的情感基调，由情节确定，协同语言、图像和音乐的风格应用，将情节补充完整。

大多数故事按时间顺序叙述，暗含事件之间的因果关系。利用人们的这种自然倾向，可以使你的观点更有趣。尤其是当信息枯燥而又冗长时，讲故事能够极大地增强体验感，使人们回忆起所传达的信息。

在体验设计中，用户对故事的情感反应可以进一步增强他们回忆信息和学习的能力，因为情感投入使故事更加个性化，更易被接受。

8.3 文化

根据韦氏词典，文化的定义是："一个种族、宗教或社会团体的习惯性信仰、社会形式和物质特征；一个地方或时代的人们所共有的日常存在的特征(如消遣或一种生活方式)"[1]。简单而言，文化是指在一群人中形成的规范和社会行为，以及群体的共同社会特征。

8.3.1 原型

文化群体和文化亚群体的数量数不胜数。生活在一个国界内的人往往属于同一个民族文化群体。例如，同样对造纸工艺感兴趣的人属于同一个兴趣文化群体。但随着数字通信的出现，群体不一定非要以地理界限来划分。

在这些文化群体中可以找到共同的主题。随着时间的推移，这些主题可能会发展成原型，即所述主题在文学和意象中的呈现。

---

[1] Merriam-Webster OnLine，s.v. "culture"，July 1, 2018，详见链接[2]。

时尚和服装品牌布鲁克斯兄弟(Brooks Brothers)在自家的产品设计中运用了原型。对该品牌的相关关键词进行联想，通常会出现奢侈、政治家、美国和传统等词汇。布鲁克斯兄弟公司将高端、历史性的政治家神话用作原型，建立起了产品和品牌的外观和用户感受。与布鲁克斯兄弟公司不同的是，运动相机公司 GoPro 将自己与一个完全不同的原型相联系。让那些用相机记录自己冒险经历的极限运动员作为品牌的推广者，使 GoPro 成功创造了英雄原型。例如，GoPro 旗舰相机就命名为 GoPro Hero。GoPro 还会在 YouTube 上展示客户用 GoPro 相机拍摄的动作视频。而布鲁克斯兄弟公司则不会邀请顾客记录和分享他们的经历，因为其原型更加低调和矜持。布鲁克斯兄弟公司为 40 位历届美国总统提供了服装，这一事实足以令该公司品牌的原型深入人心。但如果让极限运动员作为布鲁克斯兄弟公司的推广者，效果就会大打折扣。

综上所述，大部分的产品设计都是从理解与产品相匹配的原型开始的。应用并调整正确的原型，使之与产品匹配，是产品获得长期成功的关键。

8.3.2　设计反映文化

无论实体或虚拟，所有的设计都反映了周围环境的文化背景。将美国市场和日本市场设计的产品进行比较时，可以清楚地看到这一现象。

美国人去日本旅行时，会发现许多日常产品在日本通常要小 10%～20%，比如汽车的尺寸。与日本汽车(日本市场制造的汽车)相比，美国的汽车非常大。美国幅员辽阔，人口分布相对稀疏，因此人们可以享受皮卡等交通工具，而日本的情况完全不同。

走进日本的城市或乡镇，你会看到路上几乎都是小型车辆。这些小型汽车、卡车和厢式货车被称为 "Kei cars"，其字面意思为 "轻型汽车"。大部分的日本汽车都是轻型汽车。乍一看，你可能不会注意到其中的差别。但当与其他车辆相比时，这些差别就特别明显，如图 8-8 所示。

图 8-8　一辆轻型汽车与一辆标准美国轿车的比较

　　很明显，日本对轻型汽车的需求与街道宽度有很大的关系。在日本的大多数城镇，街道路宽通常不超过 3 米或 4 米(10～13 英尺)，比典型的美国社区街道小得多，因此会限制汽车和卡车的尺寸。

　　苏珊·温申克(Susan Weinschenk)在书中[1]强调了文化差异对思维的影响。其中一个研究项目比较了人们的视觉注意力，如图 8-9 所示，"给西方人看一张图片，他们会关注前景物体，而东亚人则更关注背景。在西方长大的东亚人表现出西方的模式，而不是亚洲的模式。因此，造成差异的是文化，不是遗传。"

图 8-9　人们被问到这个问题：奶牛和背景，你更注意什么？

---

[1] Susan Weinschenk, *100 Things Every Designer Needs to Know About People* (Berkeley, CA: New Riders, 2011)。

研究强调，与西方的文化规范相比，东亚的文化规范更注重关系和群体。在西方，更注重个人主义，因此注意力集中在焦点对象上。

中国是日本的邻国，同样位于东亚，有着人口稠密的城市和密集的社区。那么，为什么中国没有像日本那样到处是小型汽车呢？首先，中国的城市景观正在转型，而日本保留了过去的大部分街区道路结构。近一个世纪的发展使中国的城市发生了巨大变化。现在，中国城市中的街区道路比几个世纪前宽得多。

其次，日本的工业化比中国早。虽然中国一直在迅速追赶，但在人均汽车保有量方面，仍有很长的路要走。在日本，每1000人拥有591辆汽车，而在中国只有83辆。①这意味着，虽然较富裕的中国城市中充满了各式各样的汽车，但在道路狭窄的乡村，不是每户人家都有汽车。

小型汽车不受中国消费者欢迎的第三个原因，可能与受文化影响的价值观和思维方式有关。

和美国人一样，中国人喜欢比较大的东西。中国人"大大方方"的观念体现在筷子的设计中(见图 8-10)。中国的筷子比例均匀，比图中的其他两双筷子要长。日本人没有这种偏好；相反，他们强调"优雅"。因此，日本的筷子通常比较短，末端是尖的。

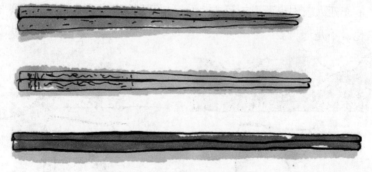

图 8-10　日本、韩国和中国的筷子

---

① NationMaster, "All Countries Compared for Transport Road Motor Vehicles per 1000 People," citing Wikipedia，详见链接[3]，"List of countries by vehicles per capita," updated August 18, 2018，详见链接[4]。

这种美学的偏好对建筑也有很大影响。日本的京都皇宫以优雅著称，而我国的北京紫禁城则以其规模和宏伟而闻名(见图 8-11)。

图 8-11　优雅的京都皇宫(左)和宏伟的北京紫禁城

再比如火车站，东京站和上海虹桥站都是连接多条铁路、机场和地铁的主要交通枢纽，两者每天都要接待数十万的乘客。高速列车以 300 公里/小时(190 英里/小时)的速度到达和离开。

虽然它们都有令人印象深刻的外表，但里面的情况各有不同。例如，东京站几乎没有集中的候车区。人们在站内自由走动，上下火车。站内有商店、餐馆和贩卖机供乘客停留。

在上海虹桥站，乘客在站台上方的中央大厅候车，而非在不同站台。商店和餐饮店集中在候车大厅两侧的走廊。只有在列车即将到达时，通往站台的门才会打开，乘客需要在大厅里排队，向下走到站台。

环境塑造行为，行为塑造文化，文化影响环境。例如，在北美，个人空间(两人之间接近而又不感到被侵犯的距离)比在亚洲大。

在美国，除夕夜的时代广场可能会非常拥挤，但这种人流密度在亚洲很常见，因为东亚的人们更习惯于群体并成为群体的一部分。

图 8-12～图 8-14 分别比较了美国、日本和中国的三个新闻汇总网站。

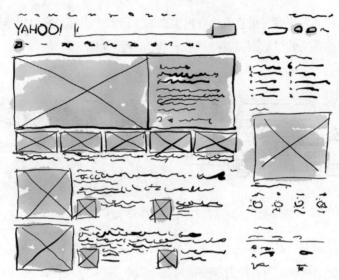

图 8-12　雅虎美国网站的布局

图 8-13　雅虎日本网站的布局，比美国的更窄

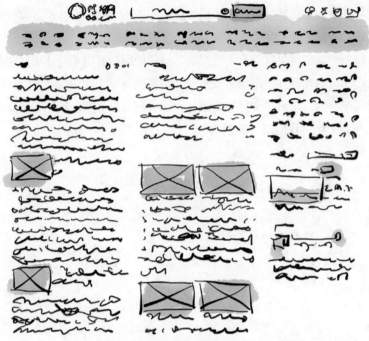

图 8-14　中国 QQ 网站的布局比雅虎日本网站的稍微宽一些

　　从以上三个网站的布局可以看出，后两者所显示的内容要更多一些，因为符号包含了更多的意义。然而，后两者之间也存在一些细微的差别，比如中国 QQ 网站的字距略宽，字符也略大。

　　综上所述，设计师应该厘清环境、行为以及围绕产品、系统和流程的文化三者之间的关系，并基于这种关系进行产品设计。

　　文化影响设计的输出，设计也会影响文化的形成。设计师应该明确自己所处的文化语境及所设计的文化。

8.4　本章小结

　　心理学和文化共同塑造了我们的行为、思维模式和期望，帮助我们理解实际环境和超自然环境。想要设计以人为本的产品，设计师必须首先了解人们，特别是他们的心理和文化。

诸如"功能可见性"和"格式塔"这样的原则可用于设计更直观和可用的产品，而理解并运用渐进式呈现、心智模型、隐喻和原型可以使设计引导用户行为。最后，文化影响设计。作为产品设计师，我们必须意识到文化和亚文化对我们产品的影响。

第 9 章

工具、框架和未来

在本章中，我们将探讨产品设计的工具与框架。产品设计师可以用它们提升工作质量、评估工作进度。本章的后半部分列出了产品设计师可能会遇到的常见误区，并提供了避免这些误区的方法。

我们首先要澄清"工具"的定义。在讨论设计工具时，大多数设计师都会想到设计软件(如 Sketch 和 Figma)或原型设计程序(如 Principle 或 Framer)。然而，它们并非本章所指的设计工具。我们所关注的工具侧重于做事的方式，而非实物或数字软件。尽管这些工具的工作方式在其应用中略显抽象和随机，却能切实提高设计的有效性。

9.1 扼要重述

首先，我们快速回顾一下前几章涉及的各种工作框架与方式。

9.1.1　实用、可用、可行、可实施和可取

如第 2 章所述，一个好的产品在设计流程中能够同时满足一系列存在竞争关系的目标：实用性、可用性、可行性、可实施性和可取性。

首先，产品要具备实用性，产品的使用方式要直观且易于学习。假如人们不知道要如何发挥产品的功能，那么无论产品多么有用也是没有意义的。我们需要从用户的角度来衡量产品的属性，分析产品的实用性和可用性。

其次，应根据商业目标来衡量可行性和可实施性。好比"时光机"拥有巨大的商业潜力(可实施性)，但因其技术不存在，所以不可行。产品的可实施性是其获得长期成功的关键，不仅能够扩大产品规模，还能提高产品利润。

20 世纪 90 年代末，小型便携式音乐播放器技术应运而生。苹果等公司抓住机遇，开发了 MP3 播放器，很快就受到了全球百万人的追捧(见图 9-1)。

图 9-1　苹果的 iPod

苹果的 iPod 就是一个集合了可行性、可实施性和可取性的绝佳案例。苹果公司突破了其可行性的限制，创造了这款设计精良且功能完备的产品，颇受市场欢迎，在商业上获得了成功。2000 年代中期，iPod 在数年内为苹果公司带来了两番、三番甚至四番的收益。①

9.1.2　两个益处

在评估一个产品是否成功时，除了有用性、可用性、可行性、可实施性和可取性，还应考虑产品的另外两个属性：(1)对社会有益；(2)对整个世界有益。

就 iPod 而言，在它给人们带来数亿小时的快乐和完美体验的同时，一个更大的问题随之而来。21 世纪初，随着越来越多的人购买电子设备，电子垃圾的存储和回收成为许多发展中国家面临的现实问题。虽然苹果不是导致这一问题的罪魁祸首，但它确实掀起了电子设备的热潮，让人们频繁淘汰"旧"产品，转而抢购上市的全新产品。类似案例还有 Facebook，虽然它将全球数十亿人连接在了一起，但在 2016 年美国总统大选之后，其脆弱性得以显现，即容易被操纵来影响民主进程。从这一点来看，Facebook 对世界的整体影响并不像人们印象中的那样积极。

本章的初衷并不是要求所有产品设计师在设计过程中预见一切潜在风险和误区。项目过程中难免存在一些不可控因素，我们应该多思考所提出的解决方案从长远来看是否对社会和世界有益。

9.1.3　价值观、10 倍提升和细节

第 2 章强调过，我们选择的立场应代表所希望看到的未来。这一愿景应来自公司的使命宣言和独特价值观。

产品设计师、产品经理和工程师应携手共创新产品，使新产品至少在

---

① Katherine Griffiths, "Apple Profits Quadruple on iPod Surge," *The Independent*, January 13, 2005，详见链接[1]。

体验或流程上比现有产品优秀十倍。同时，产品应具有足够多的重要细节，使其具备用户粘性，让人们想要持续购买。

9.1.4 待办任务

第 3 章讨论了使用"待办任务"模型来构建新功能，使产品切实地有益于用户。"待办任务"模型可以浓缩成下面这句话：

当_____时，我想_____，所以我可以_____。

客户可以通过上面这句话来描述他们所需要的"地图"。"地图"中包含他们的需求、目标以及通过"雇佣"产品完成的任务。借助"待办任务"模型，产品团队可以将客户的目标转化为产品的实际功能。

9.1.5 窄而深

第 4 章向我们展示了决定设计项目的权重和先后顺序的方法。

关键在于要集中精力，选择从事"窄而深"的工作。这意味着这类工作属于公司旨在解决的特定市场和行业。产品团队的目标应是让一小群从事相同工作的人对你所提供的潜在解决方案感兴趣。即使该群体的人数不多，但只要你的解决方案对他们的工作产生了积极显著的影响，假以时日，这个产品就会具备发展潜力。

9.1.6 构建、衡量和学习

我们如何确认项目中的产品是否达到了预期目标？关于这个问题，要等客户使用产品并给我们反馈后才能得知。因此，我们应该遵循第 4 章强调的迭代式产品开发方法，即先进行项目前期的构建，再衡量项目后期的成效，最后从观察到的情况中学习。这个过程之所以是迭代的，是因为我们会把从研发过程中学到的知识用于改进原有产品，并在下一轮更新换代时升级产品。

9.1.7 唯一的衡量标准及 80/20 法则

在第 6 章中，我们详细讨论了设计中最有价值的核心——MVP。项目团队应该确定一个单一指标，并将其作为衡量成功的关键。在验证项目初期设想的过程中，确定该衡量标准将有助于团队集中精力，达到项目成功的基准水平。

从这个角度来看，产品设计师在日常工作中应遵循 80/20 法则，思考是产品的哪些关键要素(20%)推动了项目的大部分正向产出(80%)，无论是增长率、利润率还是花费的时间。

综上所述，首先，团队应确保在一个市场空缺且需深入研究的问题下开启项目。其次，团队应在一个明确的衡量标准下，通过构建、衡量和学习的过程来迭代产品。最后，随着产品使用率的提高和假设的调整，团队应基于用户的反馈，反复迭代这个过程，以扩展产品的问题或工作范围。

9.2 时空连续体

我们应在一个特定的框架内分析产品，评估现有的用户体验。这个框架由几部分组成：使用空间、时间、情感和价值连续体。有些人把价值连续体称为用户旅程图或用户体验图。从本质上讲，它是一张图表，记录了用户在使用某一特定产品或服务的过程中的体验。

用户旅程图的形式多种多样，但合理的旅程图都具有如下特点。首先，信息层次分明。第一层信息是用户任务所显示的时间，第二层信息通常是用户所面对的触点，第三层信息通常是用户的情绪。图 9-2 是零售购物体验的示例旅程图，其中显示了前三个阶段。

阶段	意识	发现	进入
触点	网络和电视上的广告，高速公路上的广告牌	街上可见的店面	店员打招呼
情绪	镇定	感到好奇，被迷住	不知所措，高兴起来

图 9-2　参观城镇繁华地段零售店的旅程图

　　用户旅程图呈现的是可视化的用户体验，这种体验易于理解、便于分享。用户旅程图可以帮助人们在"用户如何发现产品""用户与产品如何交互""用户为何拒绝使用产品"等问题上达成共识。产品团队可以通过创建用户旅程图，对图中的设计主张达成共识，使设计师与用户产生共鸣，从而了解产品在何处发挥了作用，在哪些方面存在滞后。构建用户旅程图必须采用真实的案例和观察结果。只有客观地呈现信息，才能确保对用户体验的描述准确无误。

　　用户旅程图可以更加具体，比如将用户在不同阶段的目标和用户所处的现实环境纳入其中。因为这两者会随时间的推移而发生显著的变化，这取决于产品所处的情境。没有这两方面的考量，就很难确定产品或服务能够成功的原因。因此，我建议在原有的用户旅程图上再增加两行：用户目标和空间。

　　与其称用户旅程图为地图，不如称之为矩阵，因为它是一个表格，评估了流程的不同部分(行)和导致用户目标及情绪发生变化的因素(列)之间的相互作用(见图 9-3)。

阶段	意识	发现	进入
触点	网络和电视上的广告，高速公路上的广告牌	街上可见的店面	店员打招呼
空间	在家里，在工作中，在电脑上，在手机上，在行驶中	行走在拥挤的人行道上	商店明亮，有一股芳香气味
情绪	镇定	感到好奇，被迷住	不知所措，高兴起来
用户目标	"不要打扰我。"	"帮助我了解你销售的产品。"	"我想要更快地找到自己感兴趣的产品。"
问题/机会	对网店缺乏认识	店面很忙	太多强烈的感觉

图 9-3   空间、时间和体验矩阵

我们也可以在项目的范围定义和问题解决阶段，将问题/机会作为一个附加行添加到矩阵中。一旦识别出痛点并达成一致，就可以通过该附加行使团队转变思路，考虑产品的改进方法。

9.3   基础全覆盖

空间、时间和体验矩阵具有多功能性和普适性。它可以应用于不同情况与背景下的任何体验和产品。除了评估现有体验，它还可以评估被提议的设计的有效性和完整性。

空间、时间和体验矩阵可以作为"待办任务"模型的后续工作流程，因为它展示了工作的具体流程和特征。将包含拟定流程和所期望的客户体验的矩阵呈现给团队，可以对设计进行全面评估并发现潜在差距。

9.3.1　"快乐路径"

我们可以通过检查"快乐路径"将上述矩阵应用于评估。"快乐路径"是设计师构想的有关产品使用的主要流程。产品应为用户提供良好的体验，因此，我们首先要为良好的体验而进行产品设计。

在谷歌工作的设计师 Adhithya Ramakumar 指出，在设计"快乐路径"时，设计师应对不同的场景进行详细阐述。[1]这些场景涉及产品体验时的状态和条件，它们会影响产品设计流程。"快乐路径"应该涵盖上述所有情况，并解释每一条岔路产生的原因。

一般来说，当用户使用产品时，他们会优先确认产品能否完成它的任务，能否实现自己的目标。如果产品表现优异，用户就不会关心"快乐路径"是否完美。当然，我们需要一直努力提供良好的用户体验，需要了解用户优先考虑的任务并完成它。

9.3.2　特殊情况和"不快乐路径"

产品无法完成任务的原因有哪些？这个问题是设计师必须思考并回答的。我们可以通过头脑风暴列出潜在答案，将它们绘制在空间、时间和体验矩阵中，然后问自己，这些流程是最优的吗？如果答案是否定的，就说明我们的工作还没有完成。

不少初级设计师会止于创建一条"快乐路径"，并认为他们的工作已经完成。然而，一款优质产品的标志不在于它的"快乐路径"如何完美，而

---

[1] Adhithya Ramakumar, "An Interaction Design Framework to Cover All Your Bases," UX Collective, May 08, 2018, 详见链接[2]。

在于它能否处理特殊情况和故障状态。特殊情况和故障状态难以避免，因为人类容易犯错。

由于我们无法控制这些风险和外部事件，因此我们的产品可能会令用户失望。我们需要从容面对失败，尽可能让用户对我们的产品放心。

想要败得优雅，第一步就是要尽可能多地分析和思考错误信息，同时确保错误信息易于理解并符合实际。与用户交谈时，要确保做到有礼貌并且不使用行话。如果问题不能迅速得以解决，一定要对用户采取明确的行动来解决错误，或者提供下一步的建议。

9.3.3　审核产品触点

所有产品都会与用户产生交互。我们只要看一眼灯，就知道它是开着还是关着。以灯为例，产品将它的状态即刻传达给了我们，这种交互方式简单而又直观。

随着产品越来越复杂，产品与用户交互的复杂性也在不断增加。简单目测通常无法判断大型企业软件的运行状况。

良好的交互应具备明确性和目的性。对于关键的或不可逆的操作步骤，设计师应该允许用户通过"两步操作"来确认他们的决定。iPhone 的设备关闭流程就是一个两步操作：第一步，用户按下电源按钮保持较长时间；第二步，向右滑动数字滑块。将关机功能分为两步，并使用滑块交互来确认关机，可降低意外关机的风险。

此外，对容易出错的用户操作，要使其可逆。例如，Gmail 的临时撤消按钮在邮件发送后会立刻出现在用户眼前。Gmail 会将此按钮持续显示几秒钟，以防止用户误发邮件。

设计师经常会忽视核心体验之外与用户的沟通。这种沟通可以采取文本信息、电子邮件、电话甚至普通邮寄的形式。无论体验的媒介或场所是什么，设计师都要使用空间、时间和体验矩阵来验证全流程，从而保证设计信息的准确传递。

9.4 交互和批判

良好的沟通是产生优秀设计的先决条件。无论是与产品经理和工程师的工作总结会议，还是与潜在用户、商业合作伙伴或投资者的会议，大家都希望创业公司的产品设计师能够展示并解释他们的工作。为了在会议中有良好的表现，请遵循以下几个要求。

首先，根据用户的痛点、目标和要完成的任务，解释设计情境，设置问题背景。之后，设定演讲内容的覆盖范围。与二十步流程相比，三步流程需要在每个步骤上花费更多的时间。

然后，解释设计的目标，说明你想要什么样的反馈，如商业潜力、产品流程、用户体验(UX)或是用户界面(UI)等。在为听众构建框架时，需要让他们理解设计理念，这样才能对设计进行评估。展示空间、时间和体验矩阵，可以帮助我们构建框架，并让听众全面思考。

如果听众是由设计师或产品人员组成，那么也可以讨论设计过程。如果不是，那么设计师应该将重点放在如何发现机会并实现方案的落地。分析解决方案后，设计师可提供潜在的下一步措施并征求反馈。

设计师需要在会议结束后分析反馈意见，找到反馈意见中的描述和建议，以便评估反馈。同时，设计师需要避免将听到的反馈内容与当场讨论的会议内容混为一谈。

原因在于，我们应评估反馈并过滤掉其中无效的内容。"关注个人喜好"就是一种无效反馈，因为它并没有考虑到用户的情境和问题。另一种无效反馈是"针对设计师而不是设计本身的反馈"。同时，我们需要谨防逻辑谬误，如"诉诸权威"：相信某件事是真的，因为权威人物声称它是真的；以及"稻草人效应"：提出歪曲对方观点的论点，从而使对方更容易被驳斥。

汇报时，要仔细聆听参与者的反馈并将其记录下来。让参与者写下反馈当然更好。务必请求参与者阐明反馈并了解反馈来源，以便使后续的分析和评估变得简单。

9.5　未来

谷歌实验室的设计主管尼克·福斯特(Nick Foster)[①]在题为"The Future Mundane"(未来的世俗)的演讲中提到这样一种趋势，即有些设计师主要为英雄人物或"旨在为所有人带来希望的有抱负的超级用户"设计产品。[②]福斯特认为，与其为这些人设计产品，不如为那些既不是英雄也不是坏人的普通人设计产品，因为如你我一般的普通人占这个世界的大多数。

我认为他的观点触及了创业公司设计师的核心要务：所有问题都值得被解决，我们有责任去发现并解决它们。

创业公司的设计师要从小处着手设计产品，为细分目标人群解决问题，要尽自己最大的努力帮助他们。这意味着产品设计师还应该怀着谦逊的态度和同理心去理解人们的困难、目标和价值观，然后运用自己对人类的认知、行为和文化方面的知识，以及在制作界面和设计用户体验方面的技能，为人们的生活带来真实的、积极的影响。

9.6　继续设计

本书到此结束。其中涵盖的技能、工具、指南和启发性方法将由你付诸应用。它们能发挥多大作用取决于你对本书内容的理解和评估。所以，你要依据批判性思维来评估每种情况，进而做出自己的判断。

祝你设计愉快！

[①] Nick Foster, "The Future Mundane," Vimeo, September 15, 2015，详见链接[3]。
[②] Nick Foster, "The Future Mundane," Core77, October 7, 2018，详见链接[4]。